第二種

電気と数学の学習会●著

電気工事士試験に合格するための電気数学

過去問を解いて数学の問題を完全理解

技術評論社

はじめに

　第二種電気工事士［筆記試験］の問題を解くためには、いうまでもなく算数や数学の知識が必要です。ここで注意していただきたいのは、公式は暗記するだけでは不十分で、"使いこなす"ことが重要だということです。「そんなことはわかっている」という人はたくさんいると思いますが、にもかかわらず公式を使いこなすのが難しいのは、主に次の理由によります。

①暗記しなければならない公式が非常に多い

②公式を活用するには、数値を代入して計算するだけでなく、式変形もできなければならない

③交流回路の計算では、三角関数やベクトルなどの知識も必要になるが、公式の意味を理解するのが難しく、どのようにそれを使ったらよいかがわからない

　そこで、本書の登場です。

　試験問題を解くためには，小学校の算数から中学校や高校の数学まで、幅広い知識が必要です。そして、これらのすべてを勉強するとなれば、かなりの時間を費やさなければなりません。

　本書では、第二種電気工事士［筆記試験］を受験する人をターゲットに、公式を暗記するだけではなく、その意味をしっかり理解しながら問題が解けるようになることを意識しています。また、試験に必要な算数や数学に重点をおいて、試験問題を解くためにはどのようにそれらを使えばよいかがわかるようにまとめています。

本書の構成は、

①試験問題を解くために必要な公式を紹介

②電気の基本的な問題（例題）を解く

③問題の解き方や計算の仕方がわからないときは、その問題を解くために
　必要な算数や数学がピンポイントで勉強できる

という流れになっています。

　また、各項目の最後には、「練習問題」として過去に出題された多くの問題を載せてあります。

　試験問題が解けるようになるためには、問題に慣れる必要があります。実際に出題された問題を、繰り返し解くことにより自然に実力が身につくようになります。

　私は、工業高校で電気関係の授業を担当していますが、電気に関わる数学を簡単に理解できる生徒はそれほど多くはいません。そのため、どのように説明すればより理解が深まるかについて長年考え、実行してきました。

　本書では、そのような私の体験をもとに、読者の立場に立った解説をしています。

　本書を読んでいただき、第二種電気工事士［筆記試験］に合格できる実力を養成することはもちろん、次のステップに進むためにも、算数や数学の基礎固めがしっかりとできることを願っています。

◆目次

第1章　数の計算と電気

1-1　四則計算とオームの法則/電圧・電流・抵抗

1-2　分数と直列・並列の合成抵抗

1-3　小数と許容電流・電流減少係数

1-4　接頭語/指数と電力・電力量

第2章　文字式の計算と電気

4-2　三角関数・三平方の定理と電気の計算

第5章　交流回路と電気の計算

5-1　単相交流回路の電力

5-2　三相交流回路(Y結線・Δ結線)

◉本書の特徴◉

❶「電気←→数学」の関係がわかる

→電気数学が、電気の問題を解くときに実際にどのように使われているのかを考えて全体を構成。数学の実力をアップさせながら、第二種電気工事士試験の問題を解けるようになります。

❷「ここを確認！」で基本を再チェック

→問題を解くために必要な数学の基礎知識について、項目ごとにコンパクトに整理し、解説。基本事項を確認することで、試験対策を万全にします。

❸視覚的でわかりやすいコメント

→問題を解くうえでポイントになる部分については、吹き出しや「Check！」欄を設けて「なぜ、そうなるのか」を簡潔に説明。流れの中で要点を把握できます。

❹計算の過程を重視する丁寧な解説

→計算問題については、計算のプロセスを省略せずにその過程をすべて掲載。「どうしてこの答えになるのか？」という疑問を抱くことはありません。

❺過去問題を繰り返し解いて実力アップ

→各節の最後に設けた練習問題では、できる限り過去の試験で出された問題をピックアップ。実際に出題された問題を解き、丁寧な解説で解法をマスターすることで自信がもてるようになります。

数の計算と電気

第二種電気工事士試験の問題を解くためには、整数、小数、分数だけでなく、$\sqrt{2}$ のような無理数についても理解していなくてはなりません。また、足し算、引き算、かけ算、割り算のような計算だけでなく、累乗やかっこの計算もできる必要があります。

第 1 章では試験問題を解くときに必要となる「数の計算」について説明します。

四則計算と
オームの法則/電圧・電流・抵抗

●オームの法則

電圧 $V[\text{V}]$ = 抵抗 $R[\Omega]$ × 電流 $I[\text{A}]$ = RI

電流 $I[\text{A}]$ = 電圧 $V[\text{V}]$ ÷ 抵抗 $R[\Omega]$ = $\dfrac{V}{R}$

抵抗 $R[\Omega]$ = 電圧 $V[\text{V}]$ ÷ 電流 $I[\text{A}]$ = $\dfrac{V}{I}$

　オームの法則を使うと、「電圧」「電流」「抵抗」の値を求めることができます。

●直並列回路の電圧・電流・抵抗

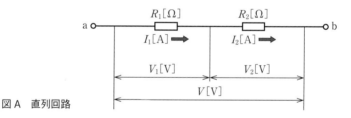

図A　直列回路

　図 A は 2 つの抵抗 $R_1[\Omega]$ と $R_2[\Omega]$ を直列に接続した回路です。この回路に電圧 $V[\text{V}]$ を加えたときの R_1 の電圧を $V_1[\text{V}]$、R_2 の電圧を $V_2[\text{V}]$ とすると、電圧 V、V_1、V_2 の間には次の関係が成り立ちます。

$V = V_1 + V_2$

　また、抵抗 $R_1[\Omega]$ と $R_2[\Omega]$ の各電流を $I_1[\text{A}]$、$I_2[\text{A}]$ とすると、電流 $I_1[\text{A}]$、$I_2[\text{A}]$ の間には、次の関係が成り立ちます。

$I_1 = I_2$

　さらに、全体の抵抗を $R[\Omega]$ とすると、$R[\Omega]$、$R_1[\Omega]$、$R_2[\Omega]$ の間には次の関係が成り立ちます。

$R = R_1 + R_2$

これを合成抵抗といいます（→ 17ページ）。

図Bは2つの抵抗 $R_1[\Omega]$ と $R_2[\Omega]$ を並列に接続した回路です。この回路に流れる全体の電流を $I[A]$、$R_1[\Omega]$ に流れる電流を $I_1[A]$、$R_2[\Omega]$ に流れる電流を $I_2[A]$ とすると、電流 $I[A]$、$I_1[A]$、$I_2[A]$ の間には次の関係が成り立ちます。

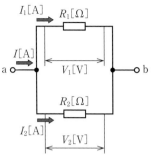

図B　並列回路

$$I = I_1 + I_2$$

また、抵抗 $R_1[\Omega]$ と $R_2[\Omega]$ の各電圧を $V_1[V]$、$V_2[V]$ とすると、電圧 $V_1[V]$、$V_2[V]$ の間には、次の関係が成り立ちます。

$$V_1 = V_2$$

なお、並列回路の合成抵抗については 17 ページで解説します。

例題 ❶ 次の各問いに答えなさい。

(1) 図の回路において、50 Ω の抵抗に 5 A の電流を流したときの電圧[V]を求めなさい。

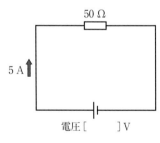

(2) 図の回路において、100 V の電圧を抵抗に加えたときに 2 A の電流が流れた。このときの抵抗[Ω]を求めなさい。

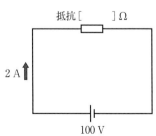

(3) 図の回路において、20 Ω の
抵抗に電圧 10 V を加えたと
きの電流[A]を求めなさい。

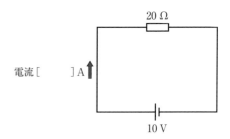

20 Ω

電流 [   ] A

10 V

....

(1) 電圧 V[V]は、オームの法則より、

$$V = RI = 50 \times 5 = 250 \text{ V}$$

(2) 抵抗 R[Ω]は、オームの法則より、

$$R = \frac{V}{I} = \frac{100}{2} = 50 \text{ Ω}$$

(3) 電流 I[A]は、オームの法則より、

$$I = \frac{V}{R} = \frac{10}{20} = 0.5 \text{ A}$$

例題 ❷　　次の各問いに答えなさい。

(1) 50 Ω の抵抗に 4 A の電流が流れた。このときの電圧[V]を求めなさい。

(2) ある抵抗に 60 V の電圧を加えたときに 3 A の電流が流れた。このとき
の抵抗[Ω]を求めなさい。

(3) ある抵抗に 100 V の電圧を加えたときに 4 A の電流が流れた。この抵抗
に 50 V の電圧を加えたときに流れる電流[A]を求めなさい。

解　答 ....

(1) 電圧 V[V]は、オームの法則より、

$$V = RI = 50 \times 4 = 200 \text{ V}$$

(2) 抵抗 $R[\Omega]$ は、オームの法則より、

$$R = \frac{V}{I} = \frac{60}{3} = 20 \ \Omega$$

(3) 抵抗 $R[\Omega]$ は、オームの法則より、

$$R = \frac{V}{I} = \frac{100}{4} = 25 \ \Omega$$

この抵抗に 50 V の電圧が加えられたときの電流 $I[\mathrm{A}]$ は、オームの法則より、

$$I = \frac{V}{R} = \frac{50}{25} = 2 \ \mathrm{A}$$

☞ **ここを確認！** 　　**四則計算**

試験対策を万全にするために、計算の仕方を復習しておこう

（1）四則計算は、＋（プラス）・－（マイナス）の符号に注意する

例：$(-2) - (+3) = (-2) - 3 = -5$

　　　正の数を表す「＋」は省略する

例：$3 - (-2) = 3 + 2 = 5$

　　　負の数を引くときは、足し算に直して計算する

Check! 「うっかり」しやすいので特に注意する

例：$(-2) \times (-3) = + 6 = 6$

　　　「負の数×負の数」は正の数になる

例：$(-6) \div (-3) = + 2 = 2$

　　　「負の数÷負の数」は正の数になる

(2) 計算の順序は、次の3点を覚えておく

❶ 「足し算・引き算」「かけ算・割り算」は、左から順番に計算する

例：$5-3+2=2+2=4$

「足し算・引き算」の計算は、左から順番に

例：$4\div2\times2=2\times2=4$

「かけ算・割り算」の計算は、左から順番に

Check! 「かけ算が先」ではない

❷ 四則が混ざっている場合は、まずかけ算・割り算、次に足し算・引き算を計算する

例：$3+2\times5=3+10=13$

かけ算を先に計算する

例：$3\times6+8\div4=18+2=20$

かけ算・割り算を先に計算する

例：$5+8\div2\times4=5+4\times4=5+16=21$

まずかけ算・割り算、連続するときは左から順番に計算

❸ カッコや累乗がある場合は、まずそこから計算する。また、カッコは小カッコ（ ）→ 中カッコ｛ ｝→ 大カッコ［ ］の順に計算する

例：$(1+3)\times2=4\times2=8$

カッコの中を先に計算

例：$2^3\div4=2\times2\times2\div4=8\div4=2$

累乗（2の3乗）を先に計算

例：$3\times(2^2+1)=3\times(4+1)=3\times5=15$

累乗を計算してからカッコの中を計算

例：$3\times(2+1)^2=3\times3^2=3\times9=27$

カッコの中を計算してから累乗を計算

例：$6\div\{(3-2)\times2\}=6\div(1\times2)=6\div2=3$

小カッコを先に計算してから中カッコを計算

練習問題……繰り返し解いて、実力を身につけよう

●解答は46ページ

問題❶　次の各問いに答えなさい。

(1) 10Ωの抵抗に2Aの電流を流したときの電圧[V]を求めなさい。

(2) ある抵抗に100Vの電圧を加えたときに5Aの電流が流れた。このときの抵抗[Ω]を求めなさい。

(3) 25Ωの抵抗に50Vの電圧を加えたときの電流[A]を求めなさい。

問題❷　図のような回路において、次の各問いに答えなさい。

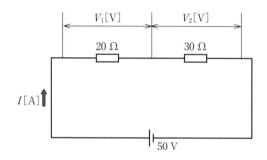

(1) 合成抵抗R[Ω]を求めなさい。

(2) 電流I[A]を求めなさい。

(3) 抵抗20Ωと30Ωの電圧V_1[V]、V_2[V]を求めなさい。

問題 ❸　図のような回路で、電流計 Ⓐ の値が 1 A を示した。このときの
電圧計 Ⓥ の指示値[V]は。

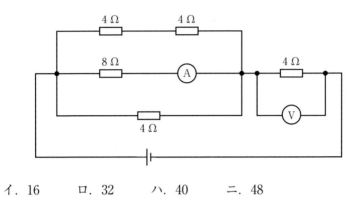

イ. 16　　ロ. 32　　ハ. 40　　ニ. 48

【2016 年度下期】

1-2 分数と直列・並列の合成抵抗

● 2つの抵抗を直列に接続したときの合成抵抗

合成抵抗 $R = R_1 + R_2$ [Ω]

2つの抵抗の和（足し算）で求めることができます。

● 2つの抵抗を並列に接続したときの合成抵抗

合成抵抗 $R = \dfrac{R_1 \times R_2}{R_1 + R_2}$ [Ω]……（式1）

合成抵抗 $R = \dfrac{1}{\dfrac{1}{R_1} + \dfrac{1}{R_2}}$ [Ω]……（式2）

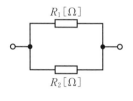

（式1）（式2）のどちらでも求めることができます。（式1）は分母が足し算（和）、分子がかけ算（積）になっていることから $\dfrac{積}{和}$（和分の積）と覚えます。（式1）と（式2）は別の式ではなく、（式1）から（式2）、（式2）から（式1）を導くことができます。これについては63ページで説明します。

※抵抗の数が3つ以上になった場合、（式2）を用いて計算することはできますが、（式1）についてはそのままは使えなくなります。

例題 ❶　2つの抵抗 50 Ω と 20 Ω を直列に接続したときの合成抵抗を求めなさい。

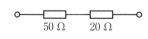

解　答

直列接続の合成抵抗なので、公式より、

合成抵抗 = 50 + 20 = 70 Ω

例題 ❷ 2つの抵抗 20 Ω と 30 Ω を並列に
接続したときの合成抵抗を求め
なさい。

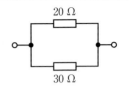

解 答

① (式 1) を用いた計算方法

$$合成抵抗 = \frac{20 \times 30}{20 + 30} = \frac{600}{50} = 12 \ \Omega$$

② (式 2) を用いた計算方法：その 1

$$合成抵抗 = \frac{1}{\dfrac{1}{20} + \dfrac{1}{30}} = \frac{1}{\dfrac{1 \times 3}{20 \times 3} + \dfrac{1 \times 2}{30 \times 2}} = \frac{1}{\dfrac{3}{60} + \dfrac{2}{60}} = \frac{1}{\dfrac{3+2}{60}} = \frac{1}{\dfrac{5}{60}}$$

20 と 30 の最小公倍数 60 で通分するため、それぞれの
分母と分子に 3 と 2 をかける

分数を割り算にする

$$= 1 \div \frac{5}{60} = 1 \times \frac{60}{5} = 12 \ \Omega$$

逆数をかける

③ (式 2) を用いた計算方法：その 2

$$合成抵抗 = \frac{1}{\dfrac{1}{20} + \dfrac{1}{30}} = \frac{1}{\dfrac{1 \times 3}{20 \times 3} + \dfrac{1 \times 2}{30 \times 2}} = \frac{1}{\dfrac{3}{60} + \dfrac{2}{60}} = \frac{1}{\dfrac{3+2}{60}} = \frac{1}{\dfrac{5}{60}}$$

60 で通分

分母を整数にするため、分母と分子に 60 をかける

$$= \frac{1 \times 60}{\dfrac{5}{60} \times 60} = \frac{60}{5} = 12 \ \Omega$$

※ (式 1) (式 2) のどちらを用いても、あるいは (式 2) の計算方法 2 つのうちどちらを使っても解くことができます。ただし、(式 1) は抵抗が 2 つの場合にしか用いることはできません。

例題 ③ 図のような回路で、次の各問いに答えなさい。

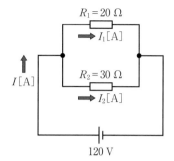

(1) 抵抗 R_1[Ω] と R_2[Ω] の合成抵抗[Ω] を求めなさい。

(2) 抵抗 R_1[Ω] に流れる電流 I_1[A] を求めなさい。

(3) 抵抗 R_2[Ω] に流れる電流 I_2[A] を求めなさい。

(4) 電流 I[A] を求めなさい。

解 答

(1) 2つの抵抗 $R_1 = 20$ Ω と $R_2 = 30$ Ω は並列に接続されているので、(式1)より、

$$合成抵抗 = \frac{R_1 \times R_2}{R_1 + R_2} = \frac{20 \times 30}{20 + 30} = \frac{600}{50} = 12 \text{ Ω}$$

(2) 抵抗 $R_1 = 20$ Ω の電圧は 120 V です。電流 I_1[A] は、オームの法則（→ 10 ページ）より、

$$I_1 = \frac{V}{R_1} = \frac{120}{20} = 6 \text{ A}$$

(3) 抵抗 $R_2 = 30$ Ω の電圧は 120 V です。電流 I_2[A] は、オームの法則より、

$$I_2 = \frac{V}{R_2} = \frac{120}{30} = 4 \text{ A}$$

(4) 並列回路なので、電流 I[A] は電流 $I_1 = 6$ A と $I_2 = 4$ A の和となります。
$$I = I_1 + I_2 = 6 + 4 = 10 \text{ A}$$

例題❹ 図のような回路で、次の各問いに答えなさい。

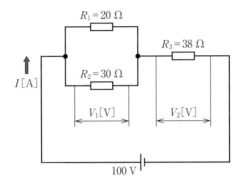

(1) 抵抗 R_1[Ω] と R_2[Ω] の合成抵抗を求めなさい。

(2) すべての抵抗の合成抵抗[Ω]を求めなさい。

(3) 電流 I[A] を求めなさい。

(4) 電圧 V_2[V] を求めなさい。

(5) 電圧 V_1[V] を求めなさい。

解 答

(1) 抵抗 $R_1 = 20\,Ω$ と $R_2 = 30\,Ω$ は並列に接続されているので、（式1）より、

$$合成抵抗 = \frac{R_1 \times R_2}{R_1 + R_2} = \frac{20 \times 30}{20 + 30} = \frac{600}{50} = 12\,Ω$$

(2) (1)で計算した抵抗 $12\,Ω$ と抵抗 $R_3 = 38\,Ω$ は直列に接続されているので、

$$すべての合成抵抗 = \frac{R_1 \times R_2}{R_1 + R_2} + R_3 = \frac{20 \times 30}{20 + 30} + 38 = \frac{600}{50} + 38$$

$$= 12 + 38 = 50\,Ω$$

(3) (2)で求めたすべての合成抵抗は $50\,Ω$、この抵抗の電圧は $100\,V$ です。よって、電流 I[A] は、オームの法則より、

$$I = \frac{V}{R} = \frac{100}{50} = 2\,A$$

(4) 抵抗 R_3 に流れる電流 I [A] は (3) より 2 A なので、電圧 V_2 [V] は、オームの法則より、

$$V_2 = R_3 I = 38 \times 2 = 76 \text{ V}$$

(5) 抵抗 R_1 と R_2 の合成抵抗は (1) より 12 Ω、ここに流れる電流 I は 2 A です。よって、電圧 V_1 [V] は、オームの法則より、

$$V_1 = RI = 12 \times 2 = 24 \text{ V}$$

《別解》 回路全体を考えます。

直列回路では、$V = V_1 + V_2$ なので（→ 10 ページ）、

$$100 \text{ V} = V_1 + 76$$

よって、$V_1 = 100 - 76 = 24 \text{ V}$

☞ **ここを確認！** 　分　数

試験対策を万全にするために、計算の仕方を復習しておこう

(1) 分母が異なる場合の足し算・引き算は、通分してから計算する

例： $\dfrac{1}{2} + \dfrac{1}{3} = \dfrac{1 \times 3}{2 \times 3} + \dfrac{1 \times 2}{3 \times 2} = \dfrac{3}{6} + \dfrac{2}{6} = \dfrac{3 + 2}{6} = \dfrac{5}{6}$

2と3の最小公倍数6で通分するため、それぞれの分母と分子に3と2をかける

(2) 計算の途中で約分できるときは約分する

例： $\dfrac{1}{6} \times \dfrac{4}{3} = \dfrac{1 \times \overset{2}{\cancel{4}}}{\underset{3}{\cancel{6}} \times 3} = \dfrac{1 \times 2}{3 \times 3} = \dfrac{2}{9}$

分母と分子を2で約分

(3) 分数のかけ算は、分母どうし、分子どうしをかける

(例)：$\dfrac{1}{5} \times \dfrac{3}{4} = \dfrac{1 \times 3}{5 \times 4} = \dfrac{3}{20}$

  └─ 分母どうし、分子どうしをかける

(4) 分数の割り算は、逆数のかけ算にして計算する

(例)：$\dfrac{2}{3} \div \dfrac{5}{6} = \dfrac{2}{3} \times \dfrac{6}{5} = \dfrac{2 \times \overset{2}{6}}{\underset{1}{3} \times 5} = \dfrac{4}{5}$

  逆数をかける   └─ 分母と分子を3で約分

(例)：$\dfrac{2}{7} \div 3 = \dfrac{2}{7} \times \dfrac{1}{3} = \dfrac{2 \times 1}{7 \times 3} = \dfrac{2}{21}$

  逆数をかける ←‥‥ **Check!** $3 = \dfrac{3}{1}$ なので、3 の逆数は $\dfrac{1}{3}$

(5) 繁分数の計算は、2つの方法をマスターする

$\dfrac{\frac{1}{2}}{3}$ や $\dfrac{\frac{3}{5}}{\frac{2}{3}}$ のように、分母または分子に分数が含まれている分数を繁分数といいます。繁分数の計算は、合成抵抗を求めるときに使います。2つの計算方法がありますが、どちらを用いても OK です。

《その1》

　分数は、$\dfrac{\mathrm{A}}{\mathrm{B}} = \mathrm{A} \div \mathrm{B}$ のように割り算で表すことができます。$\dfrac{\frac{1}{2}}{3}$ を割り算に直して計算します。

割り算に直す　　　$\frac{2}{3}$ の逆数をかける

$\dfrac{\frac{1}{2}}{3} = 1 \div \dfrac{2}{3} = 1 \times \dfrac{3}{2} = \dfrac{3}{2}$

例：

$$\frac{3}{\frac{1}{10}+\frac{2}{10}} = \frac{3}{\frac{1+2}{10}} = \frac{3}{\frac{3}{10}} = 3 \div \frac{3}{10} = 3 \times \frac{10}{3} = 10$$

（割り算に直す／$\frac{3}{10}$ の逆数をかける）

《その2》

$\dfrac{1}{\frac{2}{3}}$ は分母が分数なので、これを整数にすることを考えます。分数は分母と分子に同じ数をかけても値は変わらないので、分母と分子に 3 をかけます。

$$\frac{1}{\frac{2}{3}} = \frac{1 \times 3}{\frac{2}{3} \times 3} = \frac{3}{2}$$

分母を整数にするため、分母と分子に 3 をかける

例：

$$\frac{1}{\frac{1}{10}+\frac{1}{10}} = \frac{1}{\frac{1+1}{10}} = \frac{1}{\frac{2}{10}} = \frac{1 \times 10}{\frac{2}{10} \times 10} = \frac{10}{2} = 5$$

分母を整数にするため、分母と分子に 10 をかける

例：

$$\frac{1}{\frac{1}{10}+\frac{1}{20}} = \frac{1}{\frac{1 \times 2}{10 \times 2}+\frac{1}{20}} = \frac{1}{\frac{2}{20}+\frac{1}{20}} = \frac{1}{\frac{2+1}{20}} = \frac{1}{\frac{3}{20}} = \frac{1 \times 20}{\frac{3}{20} \times 20} = \frac{20}{3}$$

分母を整数にするため、分母と分子に 20 をかける

20 で通分するため、分母と分子に 2 をかける

問題 ❶ 図のような回路で、端子 a–b 間の合成抵抗[Ω]を求めなさい。

(1)

(2)

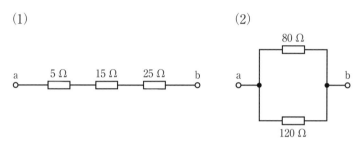

(3)

(4)

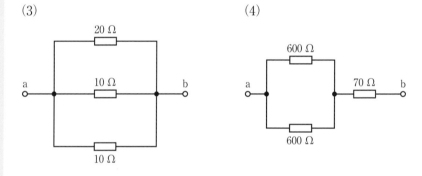

(5)

(6)

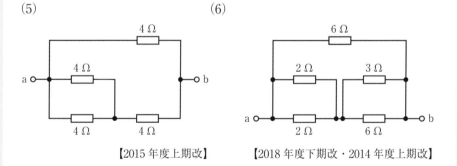

【2015 年度上期改】　　　　【2018 年度下期改・2014 年度上期改】

(7)   (8)

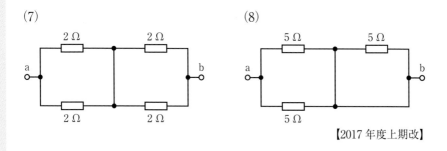

【2017 年度上期改】

問題❷ 図のような回路で、スイッチ S_1 を閉じ、スイッチ S_2 を開いたときの、端子 a–b 間の合成抵抗[Ω]は。

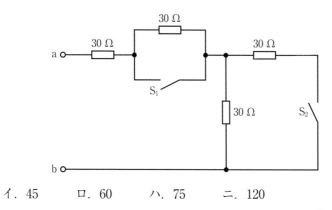

イ. 45   ロ. 60   ハ. 75   ニ. 120

【2016 年度下期】

問題 ❸　図のような回路で、スイッチ S を閉じたとき、a–b 間の端子電圧
［V］は。

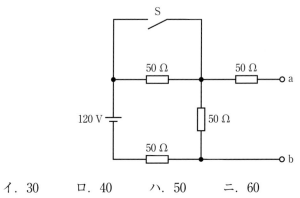

イ. 30　　ロ. 40　　ハ. 50　　ニ. 60

【2019 年度上期・2015 年度下期】

● 600 V ビニル絶縁電線の許容電流 （周囲温度 30 ℃以下）

表 A

単 線		より 線	
直径 [mm]	許容電流 [A]	断面積 [mm²]	許容電流 [A]
1.6	27	2	27
2.0	35	3.5	37
2.6	48	5.5	49
——	——	8	61

　電線には抵抗があるため電流が流れると発熱します。電線に流せる電流の値のことを絶縁電線の許容電流といい、表Aのようになります。

●電流減少係数

表 B

同一管内の電線数	電流減少係数
3 本以下	0.70
4 本	0.63
5 本〜6 本	0.56

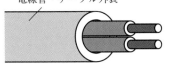

電線管・ケーブル外装

　絶縁電線を電線管やケーブル外装に収めたときには、電流により発熱した熱が逃げにくくなるため、許容電流の値を少なくする必要があります。

　許容電流を少なくするには、表Bのように電流減少係数をかけます。例えば、同一管内の電線数が3本以下の場合には、電流減少係数0.70をかけます。これは、許容電流の70％になるということを意味しています。

●許容電流の計算

許容電流＝600 V ビニル絶縁電線の許容電流×電流減少係数
（小数点以下１位を７捨８入）

例題 ❶ 金属管による低圧屋内配線工事で、管内に直径 1.6 mm の 600 V ビニル絶縁電線（軟銅線）２本を収めて施設した場合、電線１本当たりの許容電流は何［A］になるかを求めなさい。ただし、周囲温度は 30 ℃以下、電流減少係数は 0.7 とする。

解 答

直径 1.6 mm の 600 V ビニル絶縁電線の許容電流は 27 A です（→27 ページ・表 A）。また、電線２本を金属管に収めたときの電流減少係数は 0.7 です（→表 B。ただし、ここでは電流減少係数が 0.7 であることは指定されている）。

求める電線１本当たりの許容電流は、

600 V ビニル絶縁電線の許容電流×電流減少係数 ＝ 27×0.7 ＝ 18.9 A

18.9 A の小数点以下１位を７捨８入して、答えは 19 A となります。

例題 ❷ 金属管による低圧屋内配線工事で、管内に直径 1.6 mm の 600 V ビニル絶縁電線（軟銅線）４本を収めて施設した場合、電線１本当たりの許容電流は何［A］になるかを求めなさい。ただし、周囲温度は 30 ℃以下とする。

解 答

直径 1.6 mm の 600 V ビニル絶縁電線の許容電流は 27 A です（→表 A）。また、電線４本を金属管に収めたときの電流減少係数は 0.63 です（→表 B）。

求める電線１本当たりの許容電流は、

600 V ビニル絶縁電線の許容電流×電流減少係数 ＝ 27×0.63 ＝ 17.01 A

17.01 A の小数点以下１位を７捨８入して、答えは 17 A となります。

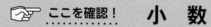

👉 ここを確認！ 　小　数

試験対策を万全にするために、計算の仕方を復習しておこう

（1）小数の表し方をきちんと把握しておく

$$0 \quad . \quad 1 \quad 2 \quad 3$$

1の位　　$\frac{1}{10}$ の位　$\frac{1}{100}$ の位　$\frac{1}{1000}$ の位

　　　　　小数1位　　小数2位　　小数3位

　答えが小数となる問題では、「小数点以下〇位を四捨五入」のように答えの出し方を指定する場合があります。また、許容電流を求める問題では、小数点以下1位を7捨8入します。

（2）小数の計算は、計算するときの小数点の位置に注意する

❶小数の足し算・引き算は、小数点をそろえてから計算する

例：
```
  2.57  小数点をそろえる
+ 1.25
  3.82
```

例：
```
  1.50  小数点をそろえる
- 0.23
  1.27
```

❷小数のかけ算は式を右にそろえ、小数点を右にずらして整数に直してから計算する。最後に、小数点をずらした分だけ左に戻す

①右にそろえる
②小数点を右へ2つずらす
③小数点を右へ1つずらす
④小数点を左へ3つずらす

Check! ②③でずらした分だけ左に戻す

❸小数の割り算は、割る数が小数のときは小数点をずらして整数にし、割られる数の小数点も同じだけ移す（割る数が整数のときは、割られる数の小数点の位置はずらさない）

例：

```
            ④
        1 8.5
   1.5） 27.7.5
    ①      15    ②
          1 2 7
          1 2 0   ③
            7 5
            7 5
              0
```

①割る数 1.5 を整数にするため、小数点を右へ1つずらす

②割られる数 27.75 の小数点も右へ1つずらす

③計算する

④答えの小数点は、割られる数の小数点の位置に合わせる

Check! ②でずらした小数点の位置に合わせる

(3) 近似値には、切り捨て・切り上げ、四捨五入、7捨8入などがある。許容電流を求める問題では、7捨8入の計算をする

❶切り捨て・切り上げ

例：3.25 の小数点以下を切り捨て

　　3.25 ⇒ 3

例：3.25 の小数点以下2位を切り捨て

　　3.25 ⇒ 3.2

例：3.25 の小数点以下を切り上げ

　　3.25 ⇒ 4

例：3.25 の小数点以下2位を切り上げ

　　3.25 ⇒ 3.3

❷四捨五入

例：3.24 の小数点以下2位を四捨五入

　　3.24 ⇒ 3.2

例：3.25 の小数点以下2位を四捨五入

　　3.25 ⇒ 3.3

❸7捨8入

例：34.5 の小数点以下1位を7捨8入

　　34.5 ⇒ 34

例：34.8 の小数点以下1位を7捨8入

　　34.8 ⇒ 35

練習問題……繰り返し解いて、実力を身につけよう

※2014年度以前の問題の単位表記については変更しています。　　◉解答は54ページ

問題❶ 金属管による低圧屋内配線工事で、管内に直径2.0 mm の600 V ビニル絶縁電線（軟銅線）5本を収めて施設した場合、電線1本当たりの許容電流[A]は。

ただし、周囲温度は30℃以下、電流減少係数は0.56とする。

イ. 10　　ロ. 15　　ハ. 19　　ニ. 27

【2019年度上期】

問題❷ 金属管による低圧屋内配線工事で、管内に直径2.0 mm の600 V ビニル絶縁電線（軟銅線）4本を収めて施設した場合、電線1本当たりの許容電流[A]は。

ただし、周囲温度は30℃以下、電流減少係数は0.63とする。

イ. 17　　ロ. 22　　ハ. 30　　ニ. 35

【2018年度上期】

問題❸ 金属管による低圧屋内配線工事で、管内に直径2.0 mm の600 V ビニル絶縁電線（軟銅線）2本を収めて施設した場合、電線1本当たりの許容電流[A]は。

ただし、周囲温度は30℃以下、電流減少係数は0.70とする。

イ. 19　　ロ. 24　　ハ. 27　　ニ. 35

【2017年度上期】

問題 ④ 金属管による低圧屋内配線工事で、管内に直径 1.6 mm の 600 V ビニル絶縁電線（軟銅線）6 本を収めて施設した場合、電線 1 本当たりの許容電流[A]は。

ただし、周囲温度は 30 ℃以下、電流減少係数は 0.56 とする。

イ. 15　　ロ. 19　　ハ. 20　　ニ. 27

【2017 年度下期】

問題 ⑤ 金属管による低圧屋内配線工事で、管内に断面積 5.5 mm^2 の 600 V ビニル絶縁電線（軟銅線）3 本を収めて施設した場合、電線 1 本当たりの許容電流[A]は。

ただし、周囲温度は 30 ℃以下、電流減少係数は 0.70 とする。

イ. 19　　ロ. 24　　ハ. 34　　ニ. 49

【2014 年度上期】

接頭語/指数と電力・電力量

●接頭語

電気では、大きな数・小さな数を接頭語で表します。この表にある接頭語・指数については覚えておきましょう。

数　　　値	接　頭　語	指　数
1000 000 000 000	T（テラ）	10^{12}
1000 000 000	G（ギガ）	10^{9}
1000 000	M（メガ）	10^{6}
1000	k（キロ）	10^{3}
$\dfrac{1}{10}$（＝0.1）	d（デシ）	$10^{-1}\left(=\dfrac{1}{10^{1}}\right)$
$\dfrac{1}{100}$（＝0.01）	c（センチ）	$10^{-2}\left(=\dfrac{1}{10^{2}}\right)$
$\dfrac{1}{1000}$（＝0.001）	m（ミリ）	$10^{-3}\left(=\dfrac{1}{10^{3}}\right)$
$\dfrac{1}{1000000}$（＝0.000001）	μ（マイクロ）	$10^{-6}\left(=\dfrac{1}{10^{6}}\right)$
$\dfrac{1}{1000000000}$（＝0.000000001）	n（ナノ）	$10^{-9}\left(=\dfrac{1}{10^{9}}\right)$
$\dfrac{1}{1000000000000}$（＝0.000000000001）	p（ピコ）	$10^{-12}\left(=\dfrac{1}{10^{12}}\right)$

●電力

電力 $P[\mathrm{W}]=$ 電圧 $V[\mathrm{V}]\times$ 電流 $I[\mathrm{A}]=VI=I^{2}R=\dfrac{V^{2}}{R}$

電力 P は $V\times I$ で求められます。オームの法則（→10ページ）より $V=RI$、$I=\dfrac{V}{R}$ となるので、それらを代入すると上の式のようになります（→72ページ・例題❷）。

●電力量

電力量 $W[\mathrm{W \cdot s}]$ ＝電力 $P[\mathrm{W}]$ ×時間 $t[\mathrm{s}]$ ＝ Pt

電気が、ある時間に行う仕事を電力量といいます。$P \times t$ で求められ
ますが、時間の単位は s（秒）のほかに h（時間）、min（分）の場合
もあるので、換算できるようにしておきましょう（1 時間[h]＝60 分
[min]＝3600（60×60）秒[s]→ 78 ページ）。

例題❶ 10 kV が何 V であるかを求めなさい。

解答

《その 1》

k（キロ）は 1000 倍を表します。したがって、10 kV の接頭後 k（キロ）
を外すためには 1000 をかけます。

$$10 \, \mathrm{kV} = 10 \times 1000 \, \mathrm{V} = 10000 \, \mathrm{V}$$

[kV] から [V] に。1 kV = 1000 V

k（キロ）を外すために 1000 倍

※通常、計算の過程で単位をつけることはありませんが、例題❶❷では単位の換算の仕方が
わかりやすいように適宜つけるようにしています。

《その 2》

指数を使った計算でも考え方は同じです。上の式を指数で表すと、次のよ
うになります。

$$10 \, \mathrm{kV} = 10 \times 1000 \, \mathrm{V} = 10^1 \times 10^3 \, \mathrm{V} = 10^{1+3} \, \mathrm{V} = 10^4 \, \mathrm{V} = 10000 \, \mathrm{V}$$

[kV] から [V] に

＝10　＝1000　指数のかけ算は、指数どうしの足し算に

Check! k（キロ）を外すときに 1000 倍したように、m（ミリ）を外すときには
$\dfrac{1}{1000}$ 倍（0.001 倍）する（→ 55 ページ・問題❶の(2)）

例題 ❷ 10 A が何 mA であるかを求めなさい。

解　答

《その1》

m（ミリ）は $\frac{1}{1000}$ 倍を表します。接頭語 m（ミリ）を使うためには
「$\times \frac{1}{1000}$」という形をつくります。

m（ミリ）をつけるために $\frac{1}{1000}$ 倍

$$10\,\text{A} = 10 \times 1000 \times \frac{1}{1000}\,\text{A} = 10 \times 1000\,\text{mA} = 10000\,\text{mA}$$

[A] から [mA] に。
$\frac{1}{1000}\,\text{A} = 1\,\text{mA}$

Check! 単に $\times \frac{1}{1000}$ では数値が 1000 分の 1 になってしまうので、同時に 1000 倍する

《その2》

指数を使った計算でも考え方は同じです。上の式を指数で表すと、次のようになります。

$= 10$　$= 1000$　$= \frac{1}{1000}$

$$10\,\text{A} = 10 \times 1000 \times \frac{1}{1000}\,\text{A} = 10^1 \times 10^3 \times 10^{-3}\,\text{A} = 10^1 \times 10^3\,\text{mA}$$

$$= 10^{1+3}\,\text{mA} = 10^4\,\text{mA} = 10000\,\text{mA}$$

指数のかけ算は、指数どうしの足し算に

[A] から [mA] に

Check! m（ミリ）をつけるときに「$\times \frac{1}{1000}$」という形をつくったように、k（キロ）をつけるときには「$\times 1000$」という形をつくる（→ 55 ページ・問題 ❶ の (3)(4)）

例題 ❸ 次の各問いに答えなさい。

(1) ある抵抗に電圧 100 V を加えると電流が 4 A 流れた。このときの電力

[W] を求めなさい。

(2) 5 Ω の抵抗に 3 A の電流を流したときの電力[W] を求めなさい。

(3) 10 Ω の抵抗に 20 V の電圧を加えたときの電力[W] を求めなさい。

解 答

(1) 電力 P[W]は、公式より、

$P = VI = 100 \times 4 = 400$ W

(2) 電力 P[W]は、公式より、

$P = I^2 R = 3^2 \times 5 = 3 \times 3 \times 5 = 9 \times 5 = 45$ W

(3) 電力 P[W]は、公式より、

$$P = \frac{V^2}{R} = \frac{20^2}{10} = \frac{20 \times 20}{10} = \frac{400}{10} = 40 \text{ W}$$

例題 ❹ 次の各問いに答えなさい。

(1) 電力 10 W の電気器具を 30 秒使用したときの電力量[W·s] を求めなさい。

(2) 電力 10 kW の電気器具を 2 時間使用したときの電力量[kW·h] を求めなさい。

(3) 電力 2.5 kW の電気器具を 1.5 時間使用したときの電力量[kW·h] を求めなさい。

解 答

(1) 電力量 W[W·s]は、公式より、

$W = Pt = 10 \times 30 = 300$ W·s
   └─ 単位に注意する

(2) 電力量 W[kW·h]は、公式より、

$W = Pt = 10 \times 2 = 20$ kW·h
   └─ 単位に注意する

(3) 電力量 $W[\text{kW}\cdot\text{h}]$ は、公式より、

$W = Pt = 2.5 \times 1.5 = 3.75\,\text{kW}\cdot\text{h}$

☞ ここを確認！　　**接頭語/指数**

試験対策を万全にするために、計算の仕方を復習しておこう

（1）大きな数を指数で表す

㋑：$100000 = 10 \times 10 \times 10 \times 10 \times 10 = \boxed{10^5}$

（2）小数を指数で表す

㋑：$0.001 = \dfrac{1}{\boxed{1000}} = \dfrac{1}{\boxed{10^3}}$

　　　　　　　　⤴　　　　　⟶ $1000 = 10 \times 10 \times 10 = 10^3$

（3）指数のかけ算は、指数どうしを足す

　　　　　　　　　　┌─ 指数どうしの足し算

㋑：$10 \times 10^2 \times 10^3 = 10^{\boxed{1+2+3}} = 10^6$

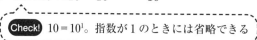

Check! $10 = 10^1$。指数が 1 のときには省略できる

（4）指数の割り算は、指数どうしを引く

　　　　　　　┌─ 指数どうしの引き算

㋑：$10^4 \div 10^2 = 10^{\boxed{4-2}} = 10^2$

(5) $\dfrac{1}{10^2}=10^{-2}$、$\dfrac{1}{10^{-2}}=10^2$

㊦：$10^3 \div 10^5 = 1000 \div 100000 = \dfrac{1}{100} = \dfrac{1}{10^2}$

また、(4) より、$10^3 \div 10^5 = 10^{3-5} = 10^{-2}$ なので、

$\dfrac{1}{10^2} = 10^{-2}$

一方、$\dfrac{1}{10^2} = 10^{-2}$ を変形して、

$\dfrac{1}{10^2} = 10^{-2}$　→　$1 = 10^{-2} \times 10^2$　→　$10^2 = \dfrac{1}{10^{-2}}$（→ 75 ページ・(2)）

よって、$\dfrac{1}{10^{-2}} = 10^2$ も成立する。

(6) $10^0 = 1$

㊦：$10^2 \div 10^2 = \dfrac{10^2}{10^2} = \dfrac{100}{100} = 1$

また、(4) より、$10^2 \div 10^2 = 10^{2-2} = 10^0$ なので、

$10^0 = 1$ ◂ᴇᴇᴇ **Check!** $2^0 = 1$、$3^0 = 1$、$4^0 = 1$……a の 0 乗は 1

(7) 指数の累乗は、指数どうしをかける

指数どうしのかけ算

㊦：$(10^3)^2 = 10^{3 \times 2} = 10^6$

指数どうしのかけ算

㊦：$(10^{-2})^3 = 10^{(-2) \times 3} = 10^{-6}$

指数どうしのかけ算

㊦：$(10^3)^{-2} = 10^{3 \times (-2)} = 10^{-6}$

練習問題……繰り返し解いて、実力を身につけよう

●解答は 55 ページ

問題 ❶ 次の計算をしなさい。

(1) 0.01 kV =（　　　　　　）V
(2) 0.1 mA =（　　　　　　）A
(3) 100 Ω =（　　　　　　）kΩ
(4) 0.1 V =（　　　　　　）kV
(5) 100 A =（　　　　　　）mA
(6) 0.0001 A =（　　　　　　）mA

問題 ❷ 次の各問いに答えなさい。

(1) 30 Ω の抵抗に 20 mA の電流を流したときの電圧[V]を求めなさい。
(2) 2 kΩ の抵抗に 3 A の電流を流したときの電圧[kV]を求めなさい。
(3) 4 kΩ の抵抗に 120 V の電圧を加えたときに流れる電流[A]を求めなさい。
(4) 2 Ω の抵抗に 100 mV の電圧を加えたときに流れる電流[A]を求めなさい。
(5) ある抵抗に電圧 8 V を加えたときに電流が 2 mA 流れた。このときの抵抗[kΩ]を求めなさい。

問題 ❸ 次の各問いに答えなさい。

(1) ある抵抗に電圧 100 V を加えると電流が 5 A 流れた。このときの電力[W]を求めなさい。
(2) 100 Ω の抵抗に 5 A の電流を流したときの電力[kW]を求めなさい。
(3) 20 kΩ の抵抗に 100 V の電圧を加えたときの電力[W]を求めなさい。

問題❹ 次の各問いに答えなさい。

(1) 電力 100 W の電気器具を 10 秒使用したときの電力量[W·s]を求めなさい。

(2) 電力 100 W の電気器具を 10 秒使用したときの電力量[kW·s]を求めなさい。

(3) 電力 100 W の電気器具を 10 時間使用したときの電力量[W·h]を求めなさい。

(4) 電力 100 W の電気器具を 10 時間使用したときの電力量[kW·h]を求めなさい。

(5) 電力 10 kW の電気器具を 10 時間使用したときの電力量[kW·h]を求めなさい。

(6) 電力 10 kW の電気器具を 90 分使用したときの電力量[kW·h]を求めなさい。

(7) 電力 20 kW の電気器具を 1 時間 30 分使用したときの電力量[kW·h]を求めなさい。

問題❺ 次の各問いに答えなさい。

(1) 100 V、2 A の電気器具を 3 時間使用したときの電力量[W·h]を求めなさい。

(2) 200 V、2 A の電気器具を 90 分使用したときの電力量 W[W·h]を求めなさい。

(3) 抵抗 10 Ω、電流 5 A の電気器具を 2 時間使用したときの電力量[kW·h]を求めなさい。

(4) 100 V、10 kΩ の電気器具を 10 時間使用したときの電力量[W·h]を求めなさい。

Section 1-5 平方根と最大値・実効値

●最大値・実効値

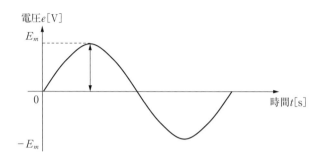

電圧e[V]

E_m

0

$-E_m$

時間t[s]

交流電圧は図のような波形で、時間が変化すると電圧の大きさも周期的に変わります。このとき、E_m[V] を最大値、V[V] を実効値といい、次の式で表します。

$$実効値\ V[\mathrm{V}] = \frac{最大値}{\sqrt{2}} = \frac{E_m}{\sqrt{2}}\ [\mathrm{V}]$$

$$最大値\ E_m[\mathrm{V}] = \sqrt{2} \times 実効値 = \sqrt{2}\,V\ [\mathrm{V}]$$

例題 ❶ 最大値が $10\sqrt{2}$ V の正弦波交流電圧がある。この交流電圧の実効値 V[V] を求めなさい。

解 答

実効値 V[V] は、公式より、

$$V = \frac{E_m}{\sqrt{2}} = \frac{10\sqrt{2}}{\sqrt{2}} = 10\ \mathrm{V}$$

例題 ② 実効値 10 V の正弦波交流電圧の最大値 E_m[V] を求めなさい。ただし、$\sqrt{2}=1.41$ で計算すること。

解答

最大値 E_m[V] は、公式より、

$$E_m = \sqrt{2}\ V = \sqrt{2} \times 10 = 1.41 \times 10 = 14.1\ \text{V}$$

$\sqrt{2}$ を小数で表すと、1.41421356…となりますが、電気工事士試験の問題では $\sqrt{2}=1.41$ で計算します。同様に、$\sqrt{3}=1.73$ で計算します。

☞ ここを確認！ **平方根**

試験対策を万全にするために、計算の仕方を復習しておこう

(1) 平方根のかけ算は、根号の中どうし、根号の外どうしをかける

例：$\sqrt{2} \times \sqrt{3} = \sqrt{2 \times 3} = \sqrt{6}$

　　└─ 根号の中どうしをかける

例：$5\sqrt{2} \times 3\sqrt{3} = 5 \times 3 \times \sqrt{2 \times 3} = 15\sqrt{6}$

　　└─ 根号の中どうしをかける

　　└─ 根号の外どうしをかける

(2) 平方根の割り算は、根号の中どうし、根号の外どうしを計算する

例：$\dfrac{\sqrt{6}}{\sqrt{2}} = \sqrt{\dfrac{6}{2}} = \sqrt{3}$

　　└─ 根号の中どうしを計算をする

（例）：$\dfrac{2\sqrt{6}}{4\sqrt{2}} = \dfrac{2}{4}\sqrt{\dfrac{6}{2}} = \dfrac{1}{2}\sqrt{3} = \dfrac{\sqrt{3}}{2}$

根号の中どうしを計算する

根号の外どうしを計算する

(3) 平方根の足し算・引き算は根号の中の数が同じときに成立し、根号の外どうしを計算する

（例）：$4\sqrt{3} + 3\sqrt{3} = (4+3)\sqrt{3} = 7\sqrt{3}$

根号の外どうしを足す

Check! 根号の中が同じでなければ計算できない

（例）：$4\sqrt{3} - 3\sqrt{3} = (4-3)\sqrt{3} = \sqrt{3}$

根号の外どうしを引く

(4) 分母に根号があるときは有理化する

分母に根号があるときは、根号を含まない数（有理数）に直します。これを分母の有理化といい、分母と分子に分母と同じ数をかけます。

（例）：$\dfrac{1}{\sqrt{3}} = \dfrac{1 \times \sqrt{3}}{\sqrt{3} \times \sqrt{3}} = \dfrac{\sqrt{3}}{3}$

分母が整数になる

有理化するために、分母と分子に分母と同じ $\sqrt{3}$ をかける

（例）：$\dfrac{2}{5\sqrt{5}} = \dfrac{2 \times \sqrt{5}}{5\sqrt{5} \times \sqrt{5}} = \dfrac{2\sqrt{5}}{25}$

分母が整数になる

有理化するために、分母と分子に $\sqrt{5}$ をかける

Check! $\sqrt{5}$ を整数にできればいいので、$5\sqrt{5}$ をかける必要はない

問題❶　次の各問いに答えなさい。

(1) 最大値が $5\sqrt{2}$ V の正弦波交流電圧がある。この交流電圧の実効値 V[V] を求めなさい。

(2) 最大値が $100\sqrt{2}$ V の正弦波交流電圧がある。この交流電圧の実効値 V[V] を求めなさい。

(3) 実効値 100 V の正弦波交流電圧の最大値 E_m[V] を求めなさい。ただし、$\sqrt{2}=1.41$ で計算すること。

(4) 実効値 120 V の正弦波交流電圧の最大値 E_m[V] を求めなさい。ただし、$\sqrt{2}=1.41$ で計算すること。

問題❷　実効値が 105 V の正弦波交流電圧の最大値[V] は。
　　　　　ただし、$\sqrt{2}=1.41$ で計算すること。

　　イ．105　　　ロ．148　　　ハ．182　　　ニ．210

【2010 年度改】

問題 ❸ 次のグラフにおいて、各問いに答えなさい。ただし、$\sqrt{2}=1.41$ で計算すること。

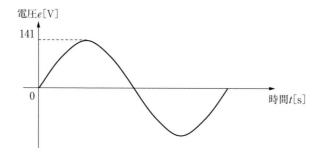

(1) 最大値 $E_m[\mathrm{V}]$ を求めなさい。

(2) 実効値 $V[\mathrm{V}]$ を求めなさい。

第 1 章 練習問題・解答……解き方のポイントをおさえよう

■ 1-1 四則計算とオームの法則/電圧・電流・抵抗 (問題は 15 ページ)

問題 ❶　解答：(1) 20 V　(2) 20 Ω　(3) 2 A

(1) 電圧 V[V] は、オームの法則（→ 10 ページ）より、

$V = RI = 10 \times 2 = 20$ V

(2) 抵抗 R[Ω] は、オームの法則より、

$R = \dfrac{V}{I} = \dfrac{100}{5} = 20$ Ω

(3) 電流 I[A] は、オームの法則より、

$I = \dfrac{V}{R} = \dfrac{50}{25} = 2$ A

問題 ❷　解答：(1) 50 Ω　(2) 1 A　(3) V_1：20 V、V_2：30 V

(1) 図の回路は直列なので、合成抵抗 R[Ω] は 2 つの抵抗の和になります。
$R = 20 + 30 = 50$ Ω

(2) 電流 I[A] は、オームの法則より、

$I = \dfrac{V}{R} = \dfrac{50}{50} = 1$ A

(3) 抵抗に流れる電流 I[A] は (2) より 1 A になるため、抵抗 20 Ω と 30 Ω に加わる各電圧 V_1[V]、V_2[V] は、オームの法則より、
$V_1 = RI = 20 \times 1 = 20$ V
$V_2 = RI = 30 \times 1 = 30$ V

問題❸ 解答：イ

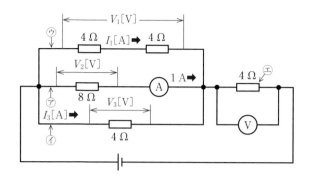

　求める Ⓥ の電圧は、オームの法則より、㋑の電流がわかれば求められます（$V=RI$）。一方、左側の回路と右側の回路は直列接続であるため、両方の電流は同じになります。ここで、左側の回路は並列回路であるため、㋐、㋑、㋒の電流を求めて合計すればよい（全電流を求める）ことになります。

①まず、㋐の電圧 V_2[V] を求めます。Ⓐ に流れる電流は 1 A なので、オームの法則より、

$$V_2 = RI = 8 \times 1 = 8 \text{ V}$$

②次に㋑に流れる電流を求めます。この回路は並列なので、電圧 V_3[V] は V_2[V] と同じ 8 V です。よって、㋑に流れる電流 I_3[A] は、オームの法則より、

$$I_3 = \frac{V_3}{R} = \frac{8}{4} = 2 \text{ A}$$

③つづいて㋒に流れる電流を求めます。㋒の合成抵抗は $4+4=8$ Ω、㋒の電圧 V_1[V] は V_2[V] や V_3[V] と同じ 8 V です。よって、㋒に流れる電流 I_1[A] は、オームの法則より、

$$I_1 = \frac{V_1}{R} = \frac{8}{8} = 1 \text{ A}$$

④左側の回路の全電流を求めます。①から③より、⑦の電流は 1 A、⑥の電流は 2 A、⑨の電流は 1 A です。並列回路の全電流は、それぞれの電流の和になるので（→ 11 ページ）、

　　左側の回路の全電流＝1＋2＋1＝4 A

⑤左側の回路の全電流＝⑤に流れる電流＝4 A なので（→ 10 ページ）、求める電圧計の値 V[V] は、オームの法則より、

　　$V = RI = 4 \times 4 = 16$ V

よって、正解はイです。

1-2 分数と直列・並列の合成抵抗 （問題は 24 ページ）

問題❶　解答：(1) 45 Ω　(2) 48 Ω　(3) 4 Ω　(4) 370 Ω　(5) 2.4 Ω　(6) 2 Ω　(7) 2 Ω　(8) 2.5 Ω

(1) 直列回路なので、公式（→ 17 ページ）より、

　　合成抵抗＝5＋15＋25＝45 Ω

(2) 並列回路なので、公式（→ 17 ページ・式1）より、

　　合成抵抗＝$\dfrac{80 \times 120}{80 + 120} = \dfrac{9600}{200} = 48$ Ω

《**別解**》（式2）を用います。

合成抵抗＝$\dfrac{1}{\dfrac{1}{80} + \dfrac{1}{120}} = \dfrac{1}{\dfrac{1 \times 3}{80 \times 3} + \dfrac{1 \times 2}{120 \times 2}} = \dfrac{1}{\dfrac{3}{240} + \dfrac{2}{240}} = \dfrac{1}{\dfrac{3+2}{240}} = \dfrac{1}{\dfrac{5}{240}}$

240で通分するため、それぞれの分母と分子に3と2をかける

$= 1 \div \dfrac{5}{240} = 1 \times \dfrac{240}{5} = 48$ Ω

分数を割り算にする　　$\dfrac{5}{240}$ の逆数をかける

(3) 並列回路なので、(式2) より、

$$合成抵抗 = \cfrac{1}{\cfrac{1}{20}+\cfrac{1}{10}+\cfrac{1}{10}} = \cfrac{1}{\cfrac{1}{20}+\cfrac{1 \times 2}{10 \times 2}+\cfrac{1 \times 2}{10 \times 2}} = \cfrac{1}{\cfrac{1}{20}+\cfrac{2}{20}+\cfrac{2}{20}}$$

20で通分するため、それぞれの分母と分子に2をかける

$$= \cfrac{1}{\cfrac{1+2+2}{20}} = \cfrac{1}{\cfrac{5}{20}} = 1 \div \frac{5}{20} = 1 \times \frac{20}{5} = 4 \ \Omega$$

$\frac{5}{20}$ の逆数をかける

分数を割り算にする

　3つ以上の抵抗がある場合、一度に計算するのであれば17ページの (式2) を用います。

《別解》 段階的に計算する方法もあります。

　はじめに図の点線部分の2つの並列の合成抵抗を求めてから、残りの並列の合成抵抗を計算します。

(手順❶) 10 Ω と 10 Ω の並列の合成抵抗
　　　　　(図の点線部分)

$$合成抵抗 = \frac{10 \times 10}{10 + 10} = \frac{100}{20} = 5 \ \Omega$$

(手順❷) 20 Ω と❶で求めた 5 Ω の並列の合成抵抗

$$合成抵抗 = \frac{5 \times 20}{5 + 20} = \frac{100}{25} = 4 \ \Omega$$

(4) 左側の回路と右側の回路は直列に接続されているので、

$$合成抵抗 = \frac{600 \times 600}{600 + 600} + 70 = \frac{360000}{1200} + 70 = 300 + 70 = 370 \ \Omega$$

左側の並列の合成抵抗　　　　左側と右側の直列の合成抵抗

(5)

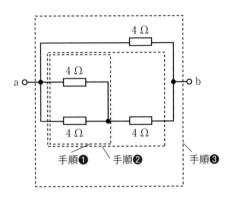

（手順❶）　$4\,\Omega$ と $4\,\Omega$ の並列の合成抵抗：$\dfrac{4\times 4}{4+4}=\dfrac{16}{8}=2\,\Omega$

（手順❷）　❶で求めた $2\,\Omega$ と $4\,\Omega$ の直列の合成抵抗：$2+4=6\,\Omega$

（手順❸）　❷で求めた $6\,\Omega$ と $4\,\Omega$ の並列の合成抵抗：$\dfrac{6\times 4}{6+4}=\dfrac{24}{10}=2.4\,\Omega$

　17 ページの（式2）を用いて一度に計算しようとした人がいるかもしれません が、（式2）は並列の場合に成立する計算式です。上図のように直列が混 ざっているときには、手順❶から❸のように段階的に計算していきます。

(6)

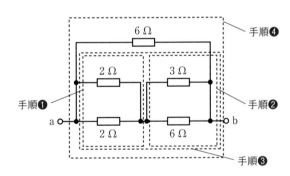

（手順❶）　$2\,\Omega$ と $2\,\Omega$ の並列の合成抵抗：$\dfrac{2\times 2}{2+2}=\dfrac{4}{4}=1\,\Omega$

（手順❷）3Ωと6Ωの並列の合成抵抗：$\dfrac{3\times6}{3+6}=\dfrac{18}{9}=2\,\Omega$

（手順❸）❶❷で求めた1Ωと2Ωの直列の合成抵抗：$1+2=3\,\Omega$

（手順❹）❸で求めた3Ωと6Ωの並列の合成抵抗：$\dfrac{3\times6}{3+6}=\dfrac{18}{9}=2\,\Omega$

(7)

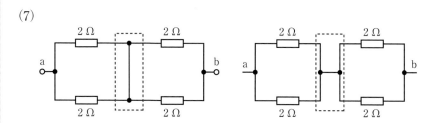

　左図の点線の部分は、右図のように表すことができます。したがって、この回路は2Ωと2Ωの2つの並列抵抗が直列に接続されていることになるため、公式より、

$$合成抵抗 = \boxed{\dfrac{2\times2}{2+2}} + \boxed{\dfrac{2\times2}{2+2}} = \dfrac{4}{4} + \dfrac{4}{4} = 1+1 = 2\,\Omega$$

　　　　　　左側の並列の合成抵抗　　右側の並列の合成抵抗

(8)

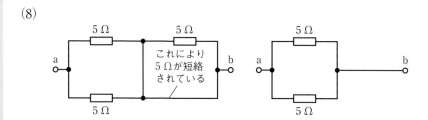

これにより5Ωが短絡されている

　左図の右側は、抵抗5Ωと電線が並列に接続されているため、上の抵抗5Ωには電流が流れず、下だけに電流が流れます（抵抗が短絡されている）。したがって、この回路は右図のように考えることができ、合成抵抗は次のようになります。

$$合成抵抗 = \frac{5 \times 5}{5 + 5} = \frac{25}{10} = 2.5 \; \Omega$$

左側の並列
の合成抵抗

Check! 右側は短絡されているので考えなくてよい

問題 ❷ 解答：ロ

　問題の図のような回路で、スイッチ S_1 を閉じ、スイッチ S_2 を開くと電流 $I[A]$ は上図のように流れます。そのため、上図は下図のように表すことができます。

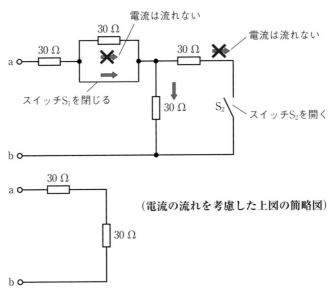

（電流の流れを考慮した上図の簡略図）

　下図の回路において、2つの抵抗 30 Ω と 30 Ω は直列に接続されているので、a–b 間の合成抵抗 [Ω] は、公式より、

　　合成抵抗 = 30 + 30 = 60 Ω

　よって、正解はロです。

問題 ❸ 解答：二

　スイッチSを閉じると、電流 I[A] は上図のように流れます。そのため、上図は下図のように表すことができます。

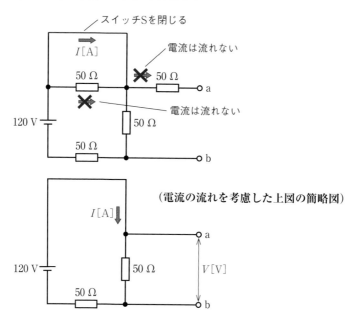

（電流の流れを考慮した上図の簡略図）

　下図において、2つの抵抗 50 Ω と 50 Ω は直列に接続されているので、合成抵抗[Ω]は、公式より、

　　合成抵抗 = 50 + 50 = 100 Ω

　次に、電流 I[A] を計算します。オームの法則（→ 10 ページ）より、

$$I = \frac{V}{R} = \frac{120}{100} = 1.2 \text{ A}$$

　最後に、a–b 間の端子電圧 V[V] を計算します。上の計算から、50 Ω の抵抗に 1.2 A の電流が流れているので、求める電圧 V[V] は、オームの法則より、

$$V = RI = 50 \times 1.2 = 60 \text{ V}$$

　よって、正解はニです。

問題 ❶　解答：ハ

　直径 2.0 mm の 600 V ビニル絶縁電線の許容電流は 35 A (→ 27 ページ・表 A)。同じ管に 5 本収めたときの電流減少係数は 0.56。したがって、

　　電線 1 本当たりの許容電流 = 35 × 0.56 = 19.6 A

19.6 A の小数点以下 1 位を 7 捨 8 入すると 19 A。

　よって、正解はハです。

問題 ❷　解答：ロ

　直径 2.0 mm の 600 V ビニル絶縁電線の許容電流は 35 A (表 A)。同じ管に 4 本収めたときの電流減少係数は 0.63。したがって、

　　電線 1 本当たりの許容電流 = 35 × 0.63 = 22.05 A

22.05 A の小数点以下 1 位を 7 捨 8 入すると 22 A。

　よって、正解はロです。

問題 ❸　解答：ロ

　直径 2.0 mm の 600 V ビニル絶縁電線の許容電流は 35 A (表 A)。同じ管に 2 本収めたときの電流減少係数は 0.70。したがって、

　　電線 1 本当たりの許容電流 = 35 × 0.7 = 24.5 A

24.5 A の小数点以下 1 位を 7 捨 8 入すると 24 A。

　よって、正解はロです。

問題 ❹　解答：イ

　直径 1.6 mm の 600 V ビニル絶縁電線の許容電流は 27 A (表 A)。同じ管に 6 本収めたときの電流減少係数は 0.56。したがって、

　　電線 1 本当たりの許容電流 = 27 × 0.56 = 15.12 A

15.12 A の小数点以下 1 位を 7 捨 8 入すると 15 A。

よって、正解はイです。

問題❺ 解答：ハ

断面積 5.5 mm^2 の 600 V ビニル絶縁電線の許容電流は 49 A（表A）。同じ管に 3 本収めたときの電流減少係数は 0.70。したがって、

電線 1 本当たりの許容電流 = 49×0.7 = 34.3 A

34.3 A の小数点以下 1 位を 7 捨 8 入すると 34 A。

よって、正解はハです。

1-4 接頭語/指数と電力・電力量 （問題は 39 ページ）

問題❶ 解答：(1) 10 V　(2) 0.0001 A　(3) 0.1 kΩ　(4) 0.0001 kV
(5) 100000 mA　(6) 0.1 mA

1 kV = 1000 V

(1)　$0.01\,kV = 0.01 \times 1000\,V = 10\,V$

（指数を使うと）　$0.01\,kV = 10^{-2} \times 10^3\,V = 10^{(-2)+3}\,V = 10^1\,V = 10\,V$

指数どうしの足し算
= 0.01　　= 1000

1 mA = 0.001 A

(2)　$0.1\,mA = 0.1 \times 0.001\,A = 0.0001\,A$

（指数を使うと）　$0.1\,mA = 10^{-1} \times 10^{-3}\,A = 10^{(-1)+(-3)}\,A = 10^{-4}\,A$
$= 0.0001\,A$

= 0.1　指数どうしの足し算　= 0.001

1000 Ω = 1 kΩ

(3)　$100\,\Omega = 100 \times \dfrac{1}{1000} \times 1000\,\Omega = 100 \times \dfrac{1}{1000}\,k\Omega = \dfrac{100}{1000}\,k\Omega = 0.1\,k\Omega$

×1000 とするためにかける　　$= \dfrac{1}{1000}$

（指数を使うと）　$100\,\Omega = 10^2 \times 10^{-3} \times 10^3\,\Omega = 10^{2+(-3)} \times 10^3\,\Omega$
$= 10^{-1} \times 10^3\,\Omega = 0.1\,k\Omega$

$10^3\,\Omega = 1000\,\Omega = 1\,k\Omega$

(4) $0.1\ \mathrm{V} = 0.1 \times \dfrac{1}{1000} \times 1000\ \mathrm{V} = 0.1 \times \dfrac{1}{1000}\ \mathrm{kV} = 0.1 \times 0.001\ \mathrm{kV} = 0.0001\ \mathrm{kV}$

×1000 とするためにかける　　　　　1000 V = 1 kV　　　　　　　　$= \dfrac{1}{1000}$

（指数を使うと）　$0.1\ \mathrm{V} = 10^{-1} \times 10^{-3} \times 10^{3}\ \mathrm{V} = 10^{(-1)+(-3)} \times 10^{3}\ \mathrm{V}$

$\qquad\qquad\qquad\qquad = 10^{-4} \times 10^{3}\ \mathrm{V} = 0.0001\ \mathrm{kV}$

$10^{3}\ \mathrm{V} = 1000\ \mathrm{V} = 1\ \mathrm{kV}$

$\times \dfrac{1}{1000}$ とするためにかける　　　　　$\dfrac{1}{1000}\ \mathrm{A} = 0.001\ \mathrm{A} = 1\ \mathrm{mA}$

(5) $100\ \mathrm{A} = 100 \times 1000 \times \dfrac{1}{1000}\ \mathrm{A} = 100000\ \mathrm{mA}$

（指数を使うと）　$100\ \mathrm{A} = 10^{2} \times 10^{3} \times 10^{-3}\ \mathrm{A} = 10^{2+3} \times 10^{-3}\ \mathrm{A}$

$\qquad\qquad\qquad\qquad = 10^{5} \times 10^{-3}\ \mathrm{A} = 100000\ \mathrm{mA}$

$10^{-3}\ \mathrm{A} = \dfrac{1}{1000}\ \mathrm{A} = 1\ \mathrm{mA}$

$\times \dfrac{1}{1000}$ とするためにかける　　　　　$\dfrac{1}{1000}\ \mathrm{A} = 0.001\ \mathrm{A} = 1\ \mathrm{mA}$

(6) $0.0001\ \mathrm{A} = 0.0001 \times 1000 \times \dfrac{1}{1000}\ \mathrm{A} = 0.1\ \mathrm{mA}$

（指数を使うと）　$0.0001\ \mathrm{A} = 10^{-4} \times 10^{3} \times 10^{-3}\ \mathrm{A} = 10^{(-4)+3} \times 10^{-3}\ \mathrm{A}$

$\qquad\qquad\qquad\qquad = 10^{-1} \times 10^{-3}\ \mathrm{A} = 0.1\ \mathrm{mA}$

$10^{-3}\ \mathrm{A} = \dfrac{1}{1000}\ \mathrm{A} = 1\ \mathrm{mA}$

※通常、計算の過程で単位をつけることはありませんが、ここでは単位の換算の仕方がわかりやすいように適宜つけています。

問題❷　解答：(1) 0.6 V　(2) 6 kV　(3) 0.03 A　(4) 0.05 A　(5) 4 kΩ

(1) 電圧 $V[\mathrm{V}]$ は、オームの法則（→ 10 ページ）より、

問題文では[mA]なので[A]とするために $\dfrac{1}{1000} = 10^{-3}$ をかける

$V = RI = 30 \times 20 \times 10^{-3} = 600 \times 10^{-3} = 0.6\ \mathrm{V}$

(2) 電圧 $V[\mathrm{kV}]$ は、オームの法則より、

$V = RI = 2 \times 10^{3} \times 3 = 6 \times 10^{3} = 6\ \mathrm{kV}$

1 kΩ = 1000 Ω　　　　　　$10^{3}\ \mathrm{V} = 1000\ \mathrm{V} = 1\ \mathrm{kV}$

(3) 電流 I [A] は、オームの法則より、

$$I = \frac{V}{R} = \frac{120}{4 \times 10^3} = \frac{120}{4} \times 10^{-3} = 30 \times 10^{-3} = 0.03 \text{ A}$$

$1\,\text{k}\Omega = 1000\,\Omega \qquad \frac{1}{10^3} = 10^{-3} \qquad 10^{-3} = \frac{1}{1000} = 0.001$

(4) 電流 I [A] は、オームの法則より、

$1\,\text{mV} = \frac{1}{1000}\,\text{V} = 10^{-3}\,\text{V} \qquad 10^{-1} = \frac{1}{10} = 0.1$

$$I = \frac{V}{R} = \frac{100 \times 10^{-3}}{2} = \frac{10^2 \times 10^{-3}}{2} = \frac{10^{-1}}{2} = 0.05 \text{ A}$$

(5) 抵抗 R [kΩ] は、オームの法則より、

$$R = \frac{V}{I} = \frac{8}{2 \times 10^{-3}} = \frac{8}{2} \times \frac{1}{10^{-3}} = 4 \times 10^3 = 4 \text{ k}\Omega$$

$\frac{1}{10^{-3}} = 10^3$

$10^3\,\Omega = 1000\,\Omega = 1\,\text{k}\Omega$

Check! 問題文の単位に注意し、求められている単位に換算する

問題 ③ 解答：(1) 500 W (2) 2.5 kW (3) 0.5 W

(1) 電力 P [W] は、公式 (→ 33 ページ) より、

$P = VI = 100 \times 5 = 500 \text{ W}$

(2) 電力 P [kW] は、公式より、

$$P = I^2 R = 5^2 \times 100 = 5 \times 5 \times 100 = 25 \times 100 = 2500 \text{ W}$$
$$= 2.5 \times 1000 = 2.5 \text{ kW}$$

$1000\,\text{W} = 1\,\text{kW}$

(3) 電力 P [W] は、公式より、

$$P = \frac{V^2}{R} = \frac{100^2}{20 \times 10^3} = \frac{100 \times 100}{20 \times 10^3} = \frac{10000}{20000} = 0.5 \text{ W}$$

$1\,\text{k}\Omega = 1000\,\Omega$

問題❹ 解答：(1) 1000 W・s　(2) 1 kW・s　(3) 1000 W・h
(4) 1 kW・h　(5) 100 kW・h　(6) 15 kW・h　(7) 30 kW・h

(1) 電力量 W [W・s] は、公式（→ 34 ページ）より、
$W = Pt = 100 \times 10 = 1000$ W・s ……… 秒の単位は s

(2) 電力量 W [kW・s] は、公式より、
$W = Pt = 100 \times 10 = 1 \times 1000 = 1$ kW・s
1000 W ＝ 1 kW

(3) 電力量 W [W・h] は、公式より、
$W = Pt = 100 \times 10 = 1000$ W・h ……… 時間の単位は h

(4) 電力量 W [kW・h] は、公式より、
$W = Pt = 100 \times 10 = 1 \times 1000 = 1$ kW・h

(5) 電力量 W [kW・h] は、公式より、
$W = Pt = 10 \times 10 = 100$ kW・h ……… 問題文の単位が [kW] と [h]（時間）なので、単位の換算は必要ない

(6) 電力量 W [kW・h] は、公式より、
$W = Pt = 10 \times 1.5 = 15$ kW・h
求められている単位は [kW・h] なので、90 分を時間に直す → 90 分 ＝ 1.5 時間

(7) 電力量 W [kW・h] は、公式より、
$W = Pt = 20 \times 1.5 = 30$ kW・h
1 時間 30 分 ＝ 1.5 時間

Check! 求められている単位に合わせるため、単位を換算する

問題❺ 解答：(1) 600 W・h　(2) 600 W・h　(3) 0.5 kW・h　(4) 10 W・h

(1) 電力量 W [W・h] は、公式より、
$W = Pt = VI \times t = 100 \times 2 \times 3 = 600$ W・h
$P = VI$

(2) 電力量 $W[\text{W}\cdot\text{h}]$ は、公式より、

$$W = Pt = VI \times t = 200 \times 2 \times \underline{1.5} = 600 \text{ W}\cdot\text{h}$$

90分 = 1.5時間

(3) 電力量 $W[\text{kW}\cdot\text{h}]$ は、公式より、

$$P = I^2 R$$

$$W = \underline{Pt} = \underline{I^2 R} \times t = \underline{5^2} \times 10 \times 2 = \underline{5 \times 5} \times 10 \times 2 = 25 \times 10 \times 2 = 500$$

$$= 0.5 \times \underline{1000} = 0.5 \text{ kW}\cdot\text{h}$$

1000 W = 1 kW

(4) 電力量 $W[\text{W}\cdot\text{h}]$ は、公式より、

指数の割り算は指数どうしの引き算に

$$P = \frac{V^2}{R}$$

$$W = \underline{Pt} = \frac{V^2}{R} \times t = \frac{100^2}{10 \times 10^3} \times 10 = \frac{100 \times 100 \times 10}{10 \times 10^3} = \frac{10^5}{10^4} = \underline{10^{5-4}}$$

$$= \underline{10^1} = 10 \text{ W}\cdot\text{h}$$

= 10

Check! $P = VI = I^2 R = \dfrac{V^2}{R}$ を自在に使えるようにする

■ 1-5 平方根と最大値・実効値 （問題は 44 ページ）

問題 ❶ 　解答： (1) 5 V 　(2) 100 V 　(3) 141 V 　(4) 169.2 V

(1) 実効値 $V[\text{V}]$ は、公式 （→ 41 ページ） より、

$$V = \frac{E_m}{\sqrt{2}} = \frac{5\sqrt{2}}{\sqrt{2}} = 5 \text{ V}$$

(2) 実効値 $V[\text{V}]$ は、公式より、

$$V = \frac{E_m}{\sqrt{2}} = \frac{100\sqrt{2}}{\sqrt{2}} = 100 \text{ V}$$

(3) 最大値 $E_m[\text{V}]$ は、公式より、

$$E_m = \sqrt{2}\,V = \sqrt{2} \times 100 = 1.41 \times 100 = 141 \text{ V}$$

(4) 最大値 $E_m[\mathrm{V}]$ は、公式より、
$$E_m = \sqrt{2}\,V = \sqrt{2} \times 120 = 1.41 \times 120 = 169.2\ \mathrm{V}$$

| 問題❷ | 解答：ロ |

最大値 $E_m[\mathrm{V}]$ は、公式より、
$$E_m = \sqrt{2}\,V = \sqrt{2} \times 105 = 1.41 \times 105 = 148.05\ \mathrm{V}$$
よって、正解はロです。

| 問題❸ | 解答：(1) 141 V　(2) 100 V |

(1) グラフから、最大値 $E_m[\mathrm{V}]$ の電圧は 141 V となります。

(2) 実効値 $V[\mathrm{V}]$ は、公式より、
$$V = \frac{E_m}{\sqrt{2}} = \frac{141}{1.41} = 100\ \mathrm{V}$$

第2章

文字式の計算と電気

公式は文字式で表されます。そのため、試験対策を万全にするためには数の計算だけでなく、文字式の計算や式変形を理解する必要があります。

第2章では、試験で使う主な公式について、文字式の計算や式の変形がマスターできるように説明します。

また、「時間の換算」について取り上げ、「電力・電力量・熱量」の関係をきちんと把握できるように解説します。

文字式と合成抵抗/分圧・分流

●**並列の合成抵抗の公式** （→ 17 ページ）

　抵抗 $R_1[\Omega]$、$R_2[\Omega]$、$R_3[\Omega]$ を並列に接続したときの合成抵抗 $R[\Omega]$ を文字式で表した公式は、次のようになります。

《抵抗が 2 つの場合》

$$R = \frac{R_1 \times R_2}{R_1 + R_2}[\Omega]$$

$$R = \frac{1}{\dfrac{1}{R_1} + \dfrac{1}{R_2}}[\Omega]$$

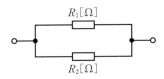

《抵抗が 3 つの場合》

$$R = \frac{1}{\dfrac{1}{R_1} + \dfrac{1}{R_2} + \dfrac{1}{R_3}}[\Omega]$$

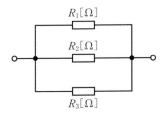

●**分圧の公式**

　2 つの抵抗 $R_1[\Omega]$ と $R_2[\Omega]$ を直列に接続したときの全体の電圧を $V[V]$、抵抗 $R_1[\Omega]$ の電圧を $V_1[V]$、抵抗 $R_2[\Omega]$ の電圧を $V_2[V]$ としたとき、電圧 $V_1[V]$、$V_2[V]$ を文字式で表した公式は、次のようになります。

$$V_1 = \frac{R_1}{R_1 + R_2} \times V[V]$$

$$V_2 = \frac{R_2}{R_1 + R_2} \times V[V]$$

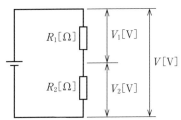

●分流の公式

2つの抵抗 $R_1[\Omega]$ と $R_2[\Omega]$ を並列に接続したときの全体の電流を $I[A]$、抵抗 $R_1[\Omega]$ の電流を $I_1[A]$、抵抗 $R_2[\Omega]$ の電流を $I_2[A]$ としたとき、電流 $I_1[A]$、$I_2[A]$ を文字式で表した公式は、次のようになります。

$$I_1 = \frac{R_2}{R_1 + R_2} \times I\,[A]$$

$$I_2 = \frac{R_1}{R_1 + R_2} \times I\,[A]$$

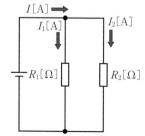

例題 ❶　（式2）から（式1）を導きなさい。

$$R = \frac{R_1 \times R_2}{R_1 + R_2}\,[\Omega] \cdots\cdots (式1) \qquad R = \cfrac{1}{\cfrac{1}{R_1} + \cfrac{1}{R_2}}\,[\Omega] \cdots\cdots (式2)$$

解　答

2つの抵抗 R_1 と R_2 を並列に接続したときの合成抵抗は、（式1）、（式2）のどちらでもに求めることができます（→17ページ）。（式2）を展開すると（式1）になります。

$$R = \cfrac{1}{\cfrac{1}{R_1} + \cfrac{1}{R_2}} = \cfrac{1}{\cfrac{R_2}{R_1 R_2} + \cfrac{R_1}{R_1 R_2}} = \cfrac{1}{\cfrac{R_1 + R_2}{R_1 R_2}} = \cfrac{1 \times R_1 R_2}{\cfrac{R_1 + R_2}{R_1 R_2} \times R_1 R_2}$$

$$= \frac{R_1 \times R_2}{R_1 + R_2}$$

$R_1 R_2$ で通分する

分母の中の分数をなくすため、分母と分子に $R_1 R_2$ をかける

例題 ② 図の回路において、オームの法則を用いて次の式を導きなさい。

$$V_1 = \frac{R_1}{R_1 + R_2} \times V\,[\text{V}]$$

$$V_2 = \frac{R_2}{R_1 + R_2} \times V\,[\text{V}]$$

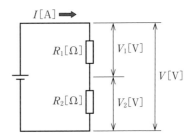

解 答

合成抵抗を $R\,[\Omega]$ とすると、オームの法則（→ 10 ページ）より、

$$I = \frac{V}{R}$$

ここで、$R\,[\Omega]$ は $R_1 + R_2\,[\Omega]$ なので（図の回路は直列のため）、この式は次のようになります。

$$I = \frac{V}{R} = \frac{V}{R_1 + R_2} \quad \cdots\cdots ⑦$$

次に、抵抗 $R_1\,[\Omega]$ の電圧 $V_1\,[\text{V}]$ を求めます。オームの法則より、

$$V_1 = R_1 I \quad \cdots\cdots ④$$

式④の I に式⑦を代入すると、

$$V_1 = R_1 I = R_1 \times \frac{V}{R_1 + R_2} = \frac{R_1}{R_1 + R_2} \times V$$

同様にして電圧 $V_2\,[\text{V}]$ を求めると、

$$V_2 = R_2 I \quad \cdots\cdots ⑨$$

式⑨の I に式⑦を代入すると、

$$V_2 = R_2 I = R_2 \times \frac{V}{R_1 + R_2} = \frac{R_2}{R_1 + R_2} \times V$$

例題 ❸ 図の回路において、オームの法則を用いて次の式を導きなさい。

$$I_1 = \frac{R_2}{R_1 + R_2} \times I \, [\text{A}]$$

$$I_2 = \frac{R_1}{R_1 + R_2} \times I \, [\text{A}]$$

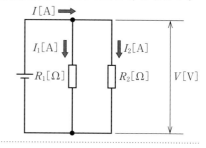

解 答

合成抵抗を $R\,[\Omega]$ とすると、オームの法則より、

$$V = RI$$

ここで、$R\,[\Omega]$ は $\dfrac{R_1 \times R_2}{R_1 + R_2}\,[\Omega]$ なので（図の回路は並列のため）、この式は次のようになります。

$$V = RI = \frac{R_1 \times R_2}{R_1 + R_2} \times I \cdots\cdots ㋔$$

次に、抵抗 $R_1\,[\Omega]$ の電流 $I_1\,[\text{A}]$ を求めます。オームの法則より、

$$I_1 = \frac{V}{R_1} \cdots\cdots ㋕$$

Check! 分子の抵抗の値は、R_1 ではなく R_2

式㋕の V に式㋔を代入すると、

$$I_1 = \frac{V}{R_1} = \frac{1}{R_1} \times V = \frac{1}{R_1} \times \frac{R_1 \times R_2}{R_1 + R_2} \times I = \frac{1}{R_1} \times \frac{R_1 \times R_2}{R_1 + R_2} \times I = \frac{R_2}{R_1 + R_2} \times I$$

分母と分子を R_1 で約分

同様にして、電流 $I_2\,[\text{A}]$ を求めると、

$$I_2 = \frac{V}{R_2} \cdots\cdots ㋖$$

Check! 分子の抵抗の値は、R_2 ではなく R_1

式㋖の V に式㋔を代入すると、

$$I_2 = \frac{V}{R_2} = \frac{1}{R_2} \times V = \frac{1}{R_2} \times \frac{R_1 \times R_2}{R_1 + R_2} \times I = \frac{1}{R_2} \times \frac{R_1 \times R_2}{R_1 + R_2} \times I = \frac{R_1}{R_1 + R_2} \times I$$

分母と分子を R_2 で約分

(1) 文字式の足し算・引き算は、同類項どうしを計算する

例：$a + 2b + 2c - 2d$

└─────── 同類項がないので計算はできない

同類項の計算　同類項の計算

例：$(3a - b) - (5a - b) = 3a - b - 5a + b = (3-5)\,a + (-1+1)\,b = -2a$

かける

Check! － （マイナス）をかけるときは符号が変わるので注意

Check! b の係数は 1、$-b$ の係数は -1

(2) 文字式のかけ算は、係数どうし、文字どうしをかける

かける　　　　　　　　　　　　　　　　　　文字どうしをかける

例：$3a(5a - b) = 3a \times 5a + 3a \times (-b) = 3 \times 5 \times a \times a + 3 \times (-1) \times a \times b$

$\qquad\qquad = 15a^2 - 3ab$

係数どうしをかける

例：$(a + 3b) \times (2a - b) = (a + 3b)\,(2a - b)$

Check! 多項式×多項式の場合は、①〜④の順番にすべての項をかける

$\qquad = \underset{①}{a \times 2a} + \underset{②}{a \times (-b)} + \underset{③}{3b \times 2a} + \underset{④}{3b \times (-b)}$

$\qquad = 2a^2 - ab + 6ab - 3b^2$

$\qquad = 2a^2 + (-1 + 6)\,ab - 3b^2 = 2a^2 + 5ab - 3b^2$

同類項の計算

(3) 式の各項に共通因数（共通している数や文字や式）があるときは、これでくくる

例：$ab + ac = a(b + c)$

└─────┴─── 共通因数 a でくくる

例：$3a + 9b + 12 = 3(a + 3b + 4)$

└────┴────┴─── 共通因数 3 でくくる

(4) 文字式の割り算は、分数の形に直して計算する。共通因数があるときはくくる

例：$5ab \div 5b = \dfrac{5a\cancel{b}}{\cancel{5b}} = a$

分数式の形に直す ┄┄ 分母と分子を $5b$ で約分

例：$2a \div (a - ab) = \dfrac{2a}{a - ab} = \dfrac{2\cancel{a}}{\cancel{a}(1 - b)} = \dfrac{2}{1 - b}$

┄┄ 分母と分子を a で約分

分数式の形に直す ┄┄ 共通因数 a でくくる

(5) 分数の文字式で割るときは、逆数をかける

例：$10a \div \left(-\dfrac{5a}{2} \right) = 10a \times \left(-\dfrac{2}{5a} \right) = \overset{2}{10a} \times \left(-\dfrac{2}{5a} \right) = 2 \times \left(-\dfrac{2}{1} \right) = -4$

逆数をかける ┄┄ 分母と分子を $5a$ で約分

(6) 分数式の足し算・引き算は、通分してから計算する（分数と同じ）

例：$\dfrac{2}{a + b} - \dfrac{1}{a} = \dfrac{2 \times a}{(a + b) \times a} - \dfrac{(a + b)}{a \times (a + b)} = \dfrac{2a - (a + b)}{a(a + b)} = \dfrac{2a - a - b}{a(a + b)}$

$a(a + b)$ で通分する

Check! （ ）をつける。つけないと、式の意味が違ってしまう
→ $(a + b) \times a$ と $a + b \times a$ は別の式

┄┄ 同類項の計算

$= \dfrac{(2 - 1)a - b}{a(a + b)} = \dfrac{a - b}{a(a + b)}$

(7) 分数式のかけ算は、分母どうし、分子どうしをかける（分数と同じ）

分母・分子どうしをかける

$$ 例： \frac{a}{a+b} \times \frac{2}{a} = \frac{a \times 2}{(a+b) \times a} = \frac{2a}{a(a+b)} = \frac{2a}{a(a+b)} = \frac{2}{a+b} $$

（ ）をつける　　　　　　　　分母と分子をaで約分

(8) 分数式の割り算は、割る数の逆数をかける（分数と同じ）

（ ）をつける　　　　分母・分子どうしをかける

$$ 例： \frac{2}{a} \div \frac{a}{a-ab} = \frac{2}{a} \times \frac{a-ab}{a} = \frac{2 \times (a-ab)}{a \times a} = \frac{2a-2ab}{a^2} $$

逆数をかける　　　　共通因数$2a$でくくる

$$ = \frac{2a(1-b)}{a^2} = \frac{2(1-b)}{a} $$

分母と分子をaで約分

(9) 文字式、分数式の－（マイナス）の符号には注意する

$$ 例： -\frac{1}{2}a = \frac{-1}{2}a = -\frac{a}{2} = \frac{-a}{2} $$

Check! すべて同じ意味

$$ 例： -\frac{a}{a+b} = \frac{-a}{a+b} $$

$$ 例： -\frac{a-b}{a+b} = \frac{-(a-b)}{a+b} = \frac{-a+b}{a+b} $$

練習問題……繰り返し解いて、実力を身につけよう

◉解答は 95 ページ

問題❶ 図の回路において、抵抗 $R_1 = 20\ \Omega$、$R_2 = 30\ \Omega$、電圧 $V = 100\ \text{V}$ の とき、電圧 $V_1[\text{V}]$ の値を分圧の公式を用いて求めなさい。

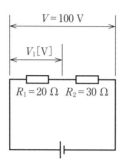

問題❷ 図の回路において、抵抗 $R_1 = 30\ \Omega$、$R_2 = 20\ \Omega$、電流 $I = 5\ \text{A}$ のと き、電流 $I_1[\text{A}]$ の値を分流の公式を用いて求めなさい。

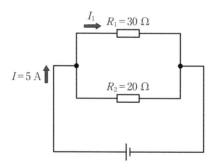

問題 ③ 図の回路において、抵抗 $R_1 = 40\,\Omega$、$R_2 = 60\,\Omega$、$R_3 = 76\,\Omega$、電圧 $V = 20\,\mathrm{V}$ のとき、次の各問いに答えなさい。

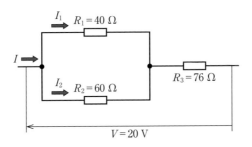

(1) 合成抵抗 $R\,[\Omega]$ を求めなさい。

(2) 電流 $I\,[\mathrm{A}]$ を求めなさい。

(3) 電流 $I_1\,[\mathrm{A}]$、$I_2\,[\mathrm{A}]$ を求めなさい。

式変形とオームの法則/電力

●オームの法則と式変形

次の 3 つの式はオームの法則です（→ 10 ページ）。1 つの式から他の式を、式変形により求めることができます（→例題❶）。

①$V = RI$ [V]　　②$I = \dfrac{V}{R}$ [A]　　③$R = \dfrac{V}{I}$ [Ω]

（電圧：V [V]、電流：I [A]、抵抗：R [Ω]）

●電力と式変形

次の 3 つの式は電力 P [W] を求める公式です（→ 33 ページ）。1 つの式から他の式を、オームの法則を用いて式変形することにより求めることができます（→例題❷）。

①$P = VI$ [W]　　②$P = I^2 R$ [W]　　③$P = \dfrac{V^2}{R}$ [W]

（電圧：V [V]、電流：I [A]、抵抗：R [Ω]）

※オームの法則、電力、電力量の公式は第 1 章でも説明しましたが、この節では式変形との関係を見ていきます。

例題 ❶　次の各問いに答えなさい。

(1) オームの法則 $V = RI$ を変形して電流 I を求めなさい。

(2) オームの法則 $I = \dfrac{V}{R}$ を変形して抵抗 R を求めなさい。

解 答 ....

(1) $V = RI$ から I を求める式変形です。

① I を求めるので、右辺を I だけにするため、両辺を R で割ります。

$$V \times \frac{1}{R} = RI \times \frac{1}{R} \quad \rightarrow \quad \frac{V}{R} = \frac{RI}{R} \quad \rightarrow \quad \frac{V}{R} = I$$

分母と分子を R で約分

Check! R で割る $= \dfrac{1}{R}$ をかける

② 右辺と左辺を入れ替えます。

$$\frac{V}{R} = I \quad \rightarrow \quad I = \frac{V}{R}$$

(2) $I = \dfrac{V}{R}$ から R を求める式変形です。

分数をなくすため、両辺に $\dfrac{R}{I}$ をかけます。

$$I \times \frac{R}{I} = \frac{V}{R} \times \frac{R}{I} \quad \rightarrow \quad \frac{IR}{I} = \frac{VR}{RI} \quad \rightarrow \quad R = \frac{V}{I}$$

分母と分子を I で約分　　分母と分子を R で約分

例題 ❷　次の各問いに答えなさい。

(1) 電力 P を求める公式 $P = VI$ から、オームの法則を用いて $P = I^2R$ を導きなさい。

(2) 同じく、オームの法則を用いて $P = \dfrac{V^2}{R}$ を導きなさい。

解 答 ....

(1) $P = VI$ の V に、オームの法則 $V = RI$ を代入します。

$$P = VI = RI \times I = I \times I \times R = I^2R$$

(2) $P = VI$ の I に、オームの法則 $I = \dfrac{V}{R}$ を代入します。

$$P = VI = V \times \dfrac{V}{R} = \dfrac{V \times V}{R} = \dfrac{V^2}{R}$$

例題 ❸ 電力を求める公式 $P = \dfrac{V^2}{R}$ を変形して電圧 V を求めなさい（ただし、$V \geqq 0$）。

解答

①分数をなくすため、両辺に R をかけます。

$$P \times R = \dfrac{V^2}{R} \times R \quad \rightarrow \quad PR = \dfrac{V^2 R}{R} \quad \rightarrow \quad PR = V^2$$

分母と分子を R で約分

②右辺と左辺を入れ替えて、V の平方根を求めます（$V \geqq 0$）。

$$PR = V^2 \quad \rightarrow \quad V^2 = PR \quad \rightarrow \quad V = \sqrt{PR}$$

Check! $V = PR$ の平方根は $\pm\sqrt{PR}$ の 2 つだが、設問に $V \geqq 0$ とあるので、$\sqrt{PR}$ のみが答えになる

例題 ❹ 電力を求める公式 $P = I^2 R$ を変形して電流 I を求めなさい（ただし、$I \geqq 0$）

解答

①I を求めるので、右辺を I^2 だけにするため、両辺を R で割ります $\left(= \dfrac{1}{R} \right.$ をかけます$\left. \right)$。

$$P \times \dfrac{1}{R} = I^2 R \times \dfrac{1}{R} \quad \rightarrow \quad \dfrac{P}{R} = \dfrac{I^2 R}{R} \quad \rightarrow \quad \dfrac{P}{R} = I^2$$

分母と分子を R で約分

②右辺と左辺を入れ替えて、I の平方根を求めます（$I \geqq 0$）。

$$\frac{P}{R} = I^2 \quad \rightarrow \quad I^2 = \frac{P}{R} \quad \rightarrow \quad I = \sqrt{\frac{P}{R}}$$

☞ ここを確認！　　**式変形**

試験対策を万全にするために、計算の仕方を復習しておこう

---

(1) 足し算・引き算の式変形では、「等式の両辺に同じ数を足しても引いてもその式は成立する」という性質を利用する（等式の性質）

例：$x = y + z$ から y を求める

①y を求めるので、右辺を y だけにするため、両辺から z を引く

$$x - z = y + z - z \quad \rightarrow \quad x - z = y \quad ● x - z = y + z$$

同じ数を引いても
等式は成立する

Check! ある項を左（右）辺から右（左）辺に符号を変えて移すことを移項という→この例では、「z」を右辺から左辺に移項している（$+z$ が $-z$ に）

②右辺と左辺を入れ替える

$$x - z = y \quad \rightarrow \quad y = x - z$$

例：$x = y - z$ から y を求める

①y を求めるので、右辺を y だけにするため、両辺に z を足す

$$x + z = y - z + z \quad \rightarrow \quad x + z = y \quad ● x + z = y - z$$

同じ数を足しても
等式は成立する

Check! この例では、「z」を右辺から左辺に移項している（$-z$ が $+z$ に）

②右辺と左辺を入れ替える

$$x + z = y \quad \rightarrow \quad y = x + z$$

(2)　かけ算・割り算の式変形では、「等式の両辺に同じ数をかけても割ってもその式は成立する」という性質を利用する（等式の性質）

㋐：$x = yz$ から y を求める

①y を求めるので、右辺を y だけにするため、両辺を z で割る $\left(= \dfrac{1}{z} \text{ を} \right.$ かける$\left. \right)$

$$x \times \frac{1}{z} = yz \times \frac{1}{z} \quad \rightarrow \quad \frac{x}{z} = \frac{y\cancel{z}}{\cancel{z}} \quad \rightarrow \quad \frac{x}{z} = y$$

同じ数をかけても等式は成立する　　　分母と分子を z で約分

②右辺と左辺を入れ替える

$$\frac{x}{z} = y \quad \rightarrow \quad y = \frac{x}{z}$$

㋐：$a = \dfrac{b}{c+d}$ から c を求める

①分数をなくすため、両辺に $c+d$ をかける

分母と分子を $c+d$ で約分

$$a \times (c+d) = \frac{b}{c+d} \times (c+d) \quad \rightarrow \quad a(c+d) = \frac{b\cancel{(c+d)}}{\cancel{c+d}}$$

> **Check!** $c+d$ は多項式なので、かけるときには（　）をつける

$$\rightarrow \quad a(c+d) = b$$

②c を求めるので、左辺を $c+d$ だけにするため、両辺を a で割る $\left(= \dfrac{1}{a} \right.$ をかける$\left. \right)$

$$a(c+d) \times \frac{1}{a} = b \times \frac{1}{a} \quad \rightarrow \quad \frac{\cancel{a}(c+d)}{\cancel{a}} = \frac{b}{a} \quad \rightarrow \quad c+d = \frac{b}{a}$$

分母と分子を a で約分

③c を求めるので、左辺を c だけにするため、両辺から d を引く（d を移項）

$$c + d \,\underline{- d} = \frac{b}{a} \,\underline{- d} \quad \rightarrow \quad c = \frac{b}{a} - d$$

(3) x^2 から x を求める式変形では、平方根を求める

例：$x = \dfrac{z^2}{y}$ から z を求める

①分数をなくすため、両辺に y をかける

$$x \times y = \frac{z^2}{y} \times y \quad \rightarrow \quad xy = \frac{z^2 \cancel{y}}{\cancel{y}} \quad \rightarrow \quad xy = z^2$$

分母と分子を y で約分

②右辺と左辺を入れ替えて、z の平方根を求める

$$xy = z^2 \quad \rightarrow \quad z^2 = xy \quad \rightarrow \quad z = \underline{\pm \sqrt{xy}}$$

平方根には $+$ と $-$ がある

(4) 分母に $\sqrt{}$ がある式変形では、有理化をする

例：$x = \sqrt{5}\, y$ から y を求める

①y を求めるので、右辺を y だけにするため、両辺を $\sqrt{5}$ で割る $\left(= \dfrac{1}{\sqrt{5}} \right.$ をかける$\left.\right)$

$$x \times \frac{1}{\sqrt{5}} = \sqrt{5}\, y \times \frac{1}{\sqrt{5}} \quad \rightarrow \quad \frac{x}{\sqrt{5}} = \frac{\cancel{\sqrt{5}}\, y}{\cancel{\sqrt{5}}} \quad \rightarrow \quad \frac{x}{\sqrt{5}} = y$$

分母と分子を $\sqrt{5}$ で約分

②右辺と左辺を入れ替えて、分母を有理化する（→ 43 ページ）

$$\frac{x}{\sqrt{5}} = y \quad \rightarrow \quad y = \frac{x}{\sqrt{5}} \quad \rightarrow \quad y = \frac{x \times \sqrt{5}}{\sqrt{5} \times \sqrt{5}} \quad \rightarrow \quad y = \frac{\sqrt{5}\, x}{5}$$

有理化するために、分母と分子に $\sqrt{5}$ をかける

●解答は 96 ページ

練習問題……繰り返し解いて、実力を身につけよう

※ 2014 年度以前の問題の単位表記については変更しています。

問題 ❶ 抵抗 $R[\Omega]$ に電圧 $V[\text{V}]$ を加えると、電流 $I[\text{A}]$ が流れ、$P[\text{W}]$ の電力が消費される場合、電圧 $V[\text{V}]$ $(V \geqq 0)$ を示す式として、誤っているものは。

イ. RI ロ. $\sqrt{PR}$ ハ. $\dfrac{R^2}{P}$ ニ. $\dfrac{P}{I}$

問題 ❷ 抵抗 $R[\Omega]$ に電圧 $V[\text{V}]$ を加えると、電流 $I[\text{A}]$ が流れ、$P[\text{W}]$ の電力が消費される場合、抵抗 $R[\Omega]$ を示す式として、誤っているものは。

イ. $\dfrac{V}{I}$ ロ. $\dfrac{P}{I^2}$ ハ. $\dfrac{V^2}{P}$ ニ. $\dfrac{PI}{V}$

【2008 年度】

時間の換算と
電力・電力量・熱量

●秒[s]と時間[h]の換算

$$1\,\mathrm{h} = 3600\,\mathrm{s} \qquad 1\,\mathrm{s} = \frac{1}{3600}\mathrm{h}$$

1時間[h] = 60分[min] = 3600秒[s]

●熱量 Q と電力 P、電力量 W

(1) 電気抵抗 $R[\Omega]$ に電流 $I[\mathrm{A}]$ を流すと熱が発生します。抵抗 $R[\Omega]$ に電流 $I[\mathrm{A}]$ を t 秒間流したときに発生する熱量 $Q[\mathrm{J}]$ は、次の式で求めることができます。

$$Q = I^2 Rt\,[\mathrm{J}]$$

(熱量 $Q[\mathrm{J}]$ は電流 $I[\mathrm{A}]$ の2乗と抵抗 $R[\Omega]$ の積に比例)

(2) 電気エネルギー(電力量)は、熱エネルギーなどの他のエネルギーに変換することができます(電力量 = 熱量)。熱量 $Q[\mathrm{J}]$、電力 $P[\mathrm{W}]$、電力量 $W[\mathrm{W\cdot s}]$ の関係は次のようになります(→34ページ)。

熱量 $Q[\mathrm{J}] = I^2 Rt\,[\mathrm{J}] = Pt\,[\mathrm{W\cdot s}] = W[\mathrm{W\cdot s}]$(電力量)

(電流:$I[\mathrm{A}]$、抵抗:$R[\Omega]$、時間:$t[\mathrm{s}]$)

(3) 水 $M[\mathrm{kg}]$ の温度を $T[\mathrm{℃}]$ 上昇させるのに必要な熱量 $Q[\mathrm{J}]$ は、次の式で求めることができます。

$$Q = 4.2 \times 10^3 MT\,[\mathrm{J}] = 4.2 MT\,[\mathrm{kJ}]$$

●電力 P、電力量 W、熱量 Q と時間

①電力 $P[\mathrm{W}]$、時間 $t[\mathrm{s}]$ のとき

熱量 $Q = Pt\,[\mathrm{J}]$ ($= W[\mathrm{W\cdot s}]$)

②電力 $P[\mathrm{W}]$、時間 $t[\mathrm{h}]$ のとき

熱量 $Q = 3600Pt\,[\mathrm{J}]$

③ ②において、熱量 Q[J]のとき

$$電力量 \ W = \frac{Q}{3600} \ [\text{W·h}]$$

　電力量 W の単位は[W·h]（ワット時）、[kW·h]（キロワット時）で表すのが一般的です。一方、熱量 Q[J]は電流が t 秒間流れたときの熱エネルギーを表します。このため、②③の公式を用いて時間[h]と秒[s]の換算をすることが必要になります。

例題 ❶　次の(1)から(5)の（　　　　）内に正しい値を入れなさい。

(1)　1800 s = (　　　　　　)h

(2)　1.5 h = (　　　　)s

(3)　1 kW·h = (　　　　)kW·s

(4)　3600 W·s = (　　　　　)W·h

(5)　1 W·s = (　　　　)W·h

解　答

(1)　秒[s]を時間[h]に換算します。

$$1800 \text{ s} = 1800 \times \boxed{\frac{1}{3600}} = \frac{1800}{3600} = 0.5 \text{ h}$$

$$1 \text{ s} = \frac{1}{3600} \text{ h}$$

(2)　時間[h]を秒[s]に換算します。

$$1.5 \text{ h} = 1.5 \times \boxed{3600} = 5400 \text{ s}$$

$$1 \text{ h} = 3600 \text{ s}$$

(3)　時間[h]を秒[s]に換算します。

$$1 \text{ kW·h} = 1 \times \boxed{3600} = 3600 \text{ kW·s}$$

$$1 \text{ h} = 3600 \text{ s}$$

(4) 秒[s]を時間[h]に換算します。

$$3600\ \text{W·s} = 3600 \times \boxed{\frac{1}{3600}} = 1\ \text{W·h}$$

$$\underline{\qquad 1\ \text{s} = \frac{1}{3600}\text{h}}$$

(5) 秒[s]を時間[h]に換算します。

$$1\ \text{W·s} = 1 \times \boxed{\frac{1}{3600}} \fallingdotseq 0.00028\ \text{W·h}$$

$$\underline{\qquad 1\ \text{s} = \frac{1}{3600}\text{h}}$$

例題 ❷ 10 L の水を 20 ℃ 上昇させるのに必要な熱量 Q[kJ] を求めなさい。

解 答 ....

水 1 L は 1 kg です。よって、求める熱量 Q[kJ] は、公式より、

$$Q = 4.2MT = 4.2 \times 10 \times 20 = 840\ \text{kJ}$$

例題 ❸ 10 L の水を 30 ℃ から 80 ℃ にすることにした。このとき必要な熱量 Q[kJ] を求めなさい。

解 答 ....

例題❷と同様に、

$$Q = 4.2MT = 4.2 \times 10 \times (80 - 30) = 4.2 \times 10 \times 50 = 2100\ \text{kJ}$$

例題 ❹ 電力 P が 10 W、時間 t が 2 時間のときの電力量 W[W·h] と W[W·s]を求めなさい。

解 答 ....

電力量 W[w·h]、W[w·s]は、公式より、

$$W = Pt\ [\text{W·h}] = 10 \times 2 = 20\ \text{W·h}$$

$$W = Pt \,[\mathrm{W \cdot s}] = \underline{10 \times 2} \times \boxed{3600} = 72000\ \mathrm{W \cdot s}$$

左で求めた値 ——┘　　　└—— 求める単位は[s]、1 h = 3600 s

例題 ❺ 電力 P が 30 W、時間 t が 60 秒のときの電力量 $W\,[\mathrm{W \cdot s}]$ と $W\,[\mathrm{W \cdot h}]$ を求めなさい。

解　答

電力量 $W\,[\mathrm{w \cdot s}]$、$W\,[\mathrm{w \cdot h}]$ は、公式より、

$$W = Pt \,[\mathrm{W \cdot s}] = 30 \times 60 = 1800\ \mathrm{W \cdot s}$$

$$W = Pt \,[\mathrm{w \cdot h}] = \underline{30 \times 60} \times \boxed{\frac{1}{3600}} = 0.5\ \mathrm{W \cdot h}$$

上で求めた値 ——┘　　　└—— 求める単位は[h]、$1\ \mathrm{s} = \dfrac{1}{3600}\ \mathrm{h}$

例題 ❻ 電力 P が 10 W、時間 t が 30 秒のときの熱量 $Q\,[\mathrm{J}]$ を求めなさい。

解　答

熱量 $Q\,[\mathrm{J}]$ は、公式より、

$$Q = Pt = 10 \times 30 = 300\ \mathrm{J}$$

例題 ❼ 電力 P が 5 W、時間 t が 2 時間のときの熱量 $Q\,[\mathrm{J}]$ を求めなさい。

解　答

熱量 $Q\,[\mathrm{J}]$ は、公式より、

$$Q = 3600\,Pt = 3600 \times 5 \times 2 = 36000\ \mathrm{J}$$

試験対策を万全にするために、計算の仕方を復習しておこう

---

(1) 秒 [s] と時間 [h] の換算が自在にできるようにする

1 時間 = 60 分、1 分 = 60 秒なので、

1 時間 = 1 分 × 60 = 60 秒 × 60 = 3600 秒

$$1\,\text{h} = 3600\,\text{s} \qquad 1\,\text{s} = \frac{1}{3600}\,\text{h}$$

(2) 熱量 Q は、電流が t 秒間流れたときの電気エネルギーを表すので、単位に注意する

① $R\,[\Omega]$ の抵抗に電流 $I\,[\text{A}]$ を t 秒間流したときの熱量 $Q\,[\text{J}]$ は、

$$Q = I^2Rt = Pt\,[\text{J}]$$

Check! t の単位は秒 [s]

② $R\,[\Omega]$ の抵抗に電流 $I\,[\text{A}]$ を t 時間流したときの熱量 $Q\,[\text{J}]$ は、

$$Q = I^2R \times (3600 \times t) = 3600\,I^2Rt = 3600\,Pt\,[\text{J}]$$

1 h = 3600 s
t の単位は [h]

Check! 熱量を求めるので、[h] を [s] に換算する

(3) 熱量 $Q\,[\text{J}]$ のときの電力量 $W\,[\text{W·h}]$ は、$W = \dfrac{Q}{3600}\,[\text{W·h}]$

① $R\,[\Omega]$ の抵抗に電流 $I\,[\text{A}]$ を t 時間流したときの電力量 $W\,[\text{W·h}]$ は、

$$W = I^2Rt\,[\text{W·h}]$$

t の単位は [h]

②$R[\Omega]$の抵抗に電流$I[\mathrm{A}]$をt秒間流したときの電力量$W[\mathrm{W\cdot h}]$は、

$$W = I^2R \times \frac{t}{3600} = \frac{I^2Rt}{3600}\ [\mathrm{W\cdot h}]$$

$$1\ \mathrm{s} = \frac{1}{3600}\ \mathrm{h}$$

ここで、$Q = I^2Rt[\mathrm{J}]$であることから、

$$W = \frac{I^2Rt}{3600} = \frac{Q}{3600}\ [\mathrm{W\cdot h}]$$

　熱量や電力量は時間に関係するため、「時間の換算」がきちんとできないと混乱してしまいます。

　以下に電力と電力量に関する単位をまとめたので、頭の中をきちんと整理してみてください。

●電力と電力量に関する単位

	単位・接頭語	記号	単位の関係
電力	ワット キロワット	W kW	 $1\ \mathrm{kW} = 1000\ \mathrm{W} = 10^3\ \mathrm{W}$
電力量	ジュール ワット秒 ワット時 キロワット時	J W·s W·h kW·h	 $1\ \mathrm{W\cdot s} = 1\ \mathrm{J}$ $1\ \mathrm{W\cdot h} = 3600\ \mathrm{W\cdot s}$ $1\ \mathrm{kW\cdot h} = 1000 \times 3600\ \mathrm{W\cdot s}$

問題❶ 　消費電力が 500 W の電熱器を、1 時間 30 分使用したときの発熱量 [kJ] は。

　　イ．450　　　　ロ．750　　　　ハ．1800　　　　ニ．2700

【2019 年度下期】

問題❷ 　消費電力が 400 W の電熱器を、1 時間 20 分使用したときの発熱量 [kJ] は。

　　イ．960　　　　ロ．1920　　　　ハ．2400　　　　ニ．2700

【2017 年度下期】

問題❸ 　消費電力が 300 W の電熱器を、2 時間使用したときの発熱量 [kJ] は。

　　イ．36　　　　ロ．600　　　　ハ．1080　　　　ニ．2160

【2011 年度上期】

問題❹ 　電線の接触不良により、接続点の接触抵抗が 0.2 Ω となった。この電線に 15 A の電流が流れると、接続点から 1 時間に発生する熱量 [kJ] は。
ただし、接触抵抗の値は変化しないものとする。

　　イ．11　　　　ロ．45　　　　ハ．72　　　　ニ．162

【2018 年度上期】

問題 ❺ 電線の接触不良により、接続点の接触抵抗が $0.2\,\Omega$ となった。この電線に $10\,A$ の電流が流れると、接続点から 1 時間に発生する熱量 $[kJ]$ は。

ただし、接触抵抗の値は変化しないものとする。

イ．7.2   ロ．17.2   ハ．20.0   ニ．72.0

【2013 年度下期】

問題 ❻ 電線の接触不良により、接続点の接触抵抗が $0.5\,\Omega$ となった。この電線に $20\,A$ の電流が流れると、接続点から 1 時間に発生する熱量 $[kJ]$ は。

ただし、接触抵抗の値は変化しないものとする。

イ．12   ロ．36   ハ．180   ニ．720

【2012 年度下期】

問題 ❼ 電熱器により、$60\,kg$ の水の温度を $20\,K$ 上昇させるのに必要な電力量 $[kW \cdot h]$ は。

ただし、水の比熱は $4.2\,kJ/(kg \cdot K)$ とし、熱効率は $100\,\%$ とする。

イ．1.0   ロ．1.2   ハ．1.4   ニ．1.6

【2019 年度上期・2018 年度下期・2015 年度下期】

問題 ❽ 電熱器により、60 リットルの水の温度を $20\,℃$ 上昇させるのに必要な電力量 $[kW \cdot h]$ は。

ただし、1 リットルの水の温度を $1\,℃$ 上昇させるのに必要なエネルギーは $4.2\,kJ$ とし、熱効率は $100\,\%$ とする。

イ．1.0   ロ．1.2   ハ．1.4   ニ．1.6

【2012 年度上期】

不等号と電気設備の計算

●電気設備に関する技術基準を定める省令

電圧の種別等

第2条　電圧は、次の区分により低圧、高圧、及び特別高圧の3種とする。

一. 低圧　直流にあっては750 V以下、交流にあっては600 V以下のもの

二. 高圧　直流にあっては750 Vを、交流にあっては600 Vを超え、7000 V以下のもの

三. 特別高圧　7000 Vを超えるもの

電圧種別	直　　　流	交　　　流
低圧	750 V以下	600 V以下
高圧	750 Vを超え、7000 V以下	600 Vを超え、7000 V以下
特別高圧	7000 Vを超えるもの	

●電気設備の技術基準の解釈（電技解釈）

低圧分岐回路等の施設

第149条　低圧分岐回路には、次の各号により過電流遮断器及び開閉器を施設すること。

一　低圧幹線との分岐点から電線の長さが3 m以下の箇所に、過電流遮断器を施設すること（図Aの①）。ただし、分岐点から過電流遮断器までの電線が、次のいずれかに該当する場合は、分岐点から3 mを超える箇所に施設することができる。

イ　電線の許容電流が、その電線に接続する低圧幹線を保護する過電流遮断器の定格電流の55 %以上である場合（図Aの③）。

ロ　電線の長さが 8 m 以下であり、かつ、電線の許容電流がその電線に接続する低圧幹線を保護する過電流遮断器の定格電流の 35 % 以上である場合（図 A の②）

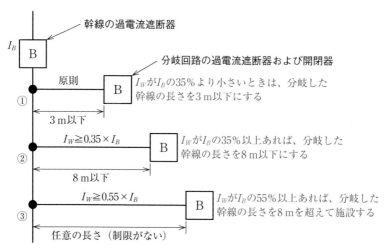

········ 略 ········

I_B：幹線を保護する過電流遮断器の定格電流
I_W：分岐回路の電線の許容電流

図 A　分岐回路の「過電流遮断器および開閉器」の施設位置

例題❶　「電気設備に関する技術基準を定める省令」における電圧の低圧区分の組合せで、正しいものは。

イ．交流 600 V 以下、直流 750 V 以下

ロ．交流 600 V 以下、直流 700 V 以下

ハ．交流 600 V 以下、直流 600 V 以下

ニ．交流 750 V 以下、直流 600 V 以下

86 ページの表より、低圧は直流 750 V 以下、交流 600 V 以下です。
よって、正解はイです。

例題 **❷** 図のように定格電流 50 A の過電流遮断器で保護された低圧屋内
幹線から分岐して、7 m の位置に過電流遮断器を施設するとき、
a–b 間の電線の許容電流の最小値は何[A]になるかを求めなさい。

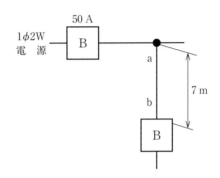

　　イ．12.5　　　　ロ．17.5　　　　ハ．22.5　　　　ニ．27.5

解 答 ························

a–b 間の距離は7 m なので、分岐した幹線の長さは8 m 以下です (→87ペー
ジ・図 A の②)。したがって、電線の許容電流の最小値を I_W[A]、幹線の過電
流遮断器の定格電流を I_B[A] とすると、

　　　　　35 %
$$I_W \geqq 0.35 \times I_B$$

となり、I_B (50 A) の 35 % が I_W[A] となります。

　　$I_W = 0.35 \times 50 = 17.5$ A

よって、正解はロです。

※電線の許容電流 I_w が 17.5 A (最小値) 以上あれば、分岐した幹線の長さを 8 m 以下にする
　ことを表しています。

例題 ❸ 図のように定格電流 50 A の配線用遮断器で保護された低圧屋内幹線から VVR ケーブル太さ 8 mm²（許容電流 42 A）で低圧屋内電路を分岐する場合、a–b 間の長さの最大値[m]を求めなさい。ただし、低圧屋内幹線に接続される負荷は、電灯負荷とする。

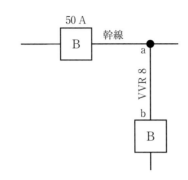

　イ. 3　　　ロ. 5　　　ハ. 8　　　ニ. 制限なし

解 答

　幹線を保護する過電流遮断器の定格電流 I_B は 50 A、分岐する電線の許容電流 I_W は 42 A なので、I_B に対する I_W の割合（百分率（%））は、

$$\underbrace{\frac{I_W}{I_B} \times 100}_{I_B に対する I_W の割合} = \frac{42}{50} \underbrace{\times 100}_{百分率 = 割合 \times 100} = 42 \times 2 = 84\%$$

　I_W が I_B の 55 % 以上であれば a–b 間の長さに制限はありませんので（→ 87 ページ・図 A の③）、正解はニです。

(1) 不等号の使い分けについてきちんと把握する

❶ 「A より大きい」は、A を含まない

例：「10 V より大きい電圧 V」を不等式で表すと、

$V > 10$ V

Check! 10 は含まない

例：電気設備に関する技術基準を定める省令にある「7000 V を超えるもの」という表現（→86 ページ）は、「7000 V より大きい」と同じ意味になる。

Check! 「A より大きい」＝「A を超える」

❷ 「A より小さい」は、A を含まない

例：「10 V より小さい電圧 V」を不等式で表すと、

$V < 10$ V

Check! 10 は含まない

❸ 「A 未満」は、A を含まない

例：「10 V 未満の電圧 V」を不等式で表すと、

$V < 10$ V

Check! 「A 未満」＝「A より小さい」

❹「A 以上」は、A を含む

㋑：「10 V 以上の電圧 V」を不等式で表すと、

$$V \geqq 10\,\mathrm{V}$$

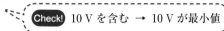

Check! 10 V を含む → 10 V が最小値

❺「A 以下」は、A を含む

㋑：「10 V 以下の電圧 V」を不等式で表すと、

$$V \leqq 10\,\mathrm{V}$$

Check! 10 V を含む → 10 V が最大値

(2) 割合（百分率）の意味を理解して、自在に計算できるようにする

㋑：15 の 20 に対する割合

$$\underline{15 \div 20} = 0.75$$
　　　└── 割合＝比べる量÷もとになる量

㋑：割合 0.75 を百分率（％）で表す

$$0.75 \underline{\times 100} = 75\,\%$$
　　　　　└── 百分率（％）＝割合×100

㋑：100 V の 80 ％は何 V か

$$100 \underline{\times 0.8} = 80\,\mathrm{V}$$
　　　　└── 80 ％は小数で表すと 0.8

㋑：120 V は 150 V の何％か

$$\underline{\dfrac{120}{150}} \times 100 = 80\,\%$$
　　　　　└── 百分率（％）＝割合×100
　└── 120 の 150 に対する割合

練習問題……繰り返し解いて、実力を身につけよう

※ 2014年度以前の問題の単位表記については変更しています。　　　●解答は 100 ページ

問題 ❶　「電気設備に関する技術基準を定める省令」における電圧の低圧
区分の組合せで、正しいものは。

イ．直流にあっては 600 V 以下、交流にあっては 600 V 以下のもの
ロ．直流にあっては 750 V 以下、交流にあっては 600 V 以下のもの
ハ．直流にあっては 600 V 以下、交流にあっては 750 V 以下のもの
ニ．直流にあっては 750 V 以下、交流にあっては 750 V 以下のもの
　　　【2018 年度下期/類似問題：2017 年度下期・2014 年度上期・2012 年度上期】

問題 ❷　「電気設備に関する技術基準を定める省令」で定められている交
流の電圧区分で、正しいものは。

イ．低圧は 600 V 以下、高圧は 600 V を超え 10000 V 以下
ロ．低圧は 600 V 以下、高圧は 600 V を超え 7000 V 以下
ハ．低圧は 750 V 以下、高圧は 750 V を超え 10000 V 以下
ニ．低圧は 750 V 以下、高圧は 750 V を超え 7000 V 以下

　　　　　　　　　　　　　　　　　　　　　　　　　　【2012 年度下期】

問題❸ 図のように定格電流 100 A の過電流遮断器で保護された低圧屋内幹線から分岐して、6 m の位置に過電流遮断器を施設するとき、a–b 間の電線の許容電流の最小値[A]は。

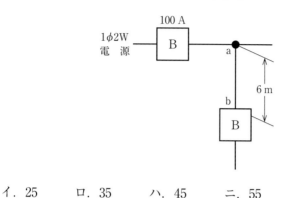

イ．25　　ロ．35　　ハ．45　　ニ．55

【2015 年度上期】

問題❹ 図のように定格電流 60 A の過電流遮断器で保護された低圧屋内幹線から分岐して、10 m の位置に過電流遮断器を施設するとき、a–b 間の電線の許容電流の最小値[A]は。

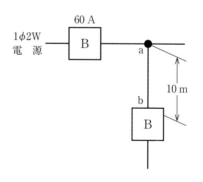

イ．15　　ロ．21　　ハ．27　　ニ．33

【2015 年度下期】

問題⑤ 図のように定格電流 60 A の過電流遮断器で保護された低圧屋内幹線から分岐して、5 m の位置に過電流遮断器を施設するとき、a–b 間の電線の許容電流の最小値[A]は。

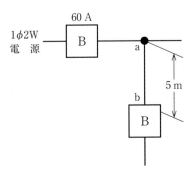

イ. 15   ロ. 21   ハ. 27   ニ. 33

【2014 年度上期/類似問題：2012 年度上期】

問題⑥ 図のように、定格電流 100 A の配線用遮断器で保護された低圧屋内幹線から VVR ケーブル太さ 5.5 mm²（許容電流 34 A）で低圧屋内電路を分岐する場合、a–b 間の長さの最大値[m]は。
ただし、低圧屋内幹線に接続される負荷は、電灯負荷とする。

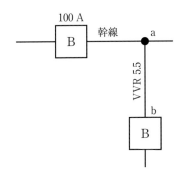

イ. 3   ロ. 5   ハ. 8   ニ. 制限なし

【2017 年度下期】

第2章 練習問題・解答……解き方のポイントをおさえよう

2-1 文字式と合成抵抗/分圧・分流 （問題は 69 ページ）

問題❶ 解答：40 V

電圧 $V_1[\mathrm{V}]$ は、分圧の公式（→ 62 ページ）より、

$$V_1 = \frac{R_1}{R_1 + R_2} \times V = \frac{20}{20 + 30} \times 100 = \frac{20}{50} \times 100 = 40 \text{ V}$$

問題❷ 解答：2 A

電流 $I_1[\mathrm{A}]$ は、分流の公式（→ 63 ページ）より、

> **Check!** 分子の抵抗の値は、R_1 ではなく R_2

$$I_1 = \frac{R_2}{R_1 + R_2} \times I = \frac{20}{30 + 20} \times 5 = \frac{20}{50} \times 5 = 2 \text{ A}$$

問題❸ 解答：(1) 100 Ω　(2) 0.2 A　(3) I_1：0.12 A、I_2：0.08 A

(1) 合成抵抗 $R[\Omega]$ は、公式（→ 17 ページ、62 ページ）より、

$$R = \underline{\frac{R_1 \times R_2}{R_1 + R_2}} + R_3 = \frac{40 \times 60}{40 + 60} + 76 = \frac{2400}{100} + 76 = 24 + 76 = 100 \text{ Ω}$$

左側の並列の合成抵抗 ┈ 左側と右側の直列の合成抵抗

(2) (1)より $R = 100\ \Omega$ なので、電流 $I[\mathrm{A}]$ は、オームの法則（→ 10 ページ）より、

$$I = \frac{V}{R} = \frac{20}{100} = 0.2 \text{ A}$$

(3) (2)より $I[\mathrm{A}]=0.2$ A なので、電流 $I_1[\mathrm{A}]$ と $I_2[\mathrm{A}]$ は、分流の公式より、

$$I_1 = \frac{R_2}{R_1 + R_2} \times I = \frac{60}{40 + 60} \times 0.2 = \frac{60}{100} \times 0.2 = 0.12 \text{ A}$$

$$I_2 = \frac{R_1}{R_1 + R_2} \times I = \frac{40}{40 + 60} \times 0.2 = \frac{40}{100} \times 0.2 = 0.08 \text{ A}$$

■ 2-2 式変形とオームの法則/電力 （問題は 77 ページ）

| 問題❶ | 解答：ハ

オームの法則（→ 10 ページ）より、

$V = RI\,[\mathrm{V}]$

よって、イは「正」です。

次に、電力を求める公式 $P = \dfrac{V^2}{R}\,[\mathrm{W}]$（→ 33 ページ）から電圧 $V[\mathrm{V}]$ を求めます。

$$P = \frac{V^2}{R} \;\rightarrow\; P \times R = \frac{V^2}{R} \times R \;\rightarrow\; PR = \frac{V^2 R}{R} \;\rightarrow\; PR = V^2$$

両辺に R をかける　　　　分母と分子を　　　右辺と左辺を入れ替える
　　　　　　　　　　　　　R で約分

$$V^2 = PR \;\rightarrow\; V = \sqrt{PR} \;\; (V \geqq 0)$$

V の平方根を求める

よって、ロは「正」です。

同様に、電力を求める公式 $P = VI\,[\mathrm{W}]$ から電圧 $V[\mathrm{V}]$ を求めます。

$$P = VI \;\rightarrow\; P \times \frac{1}{I} = VI \times \frac{1}{I} \;\rightarrow\; \frac{P}{I} = \frac{VI}{I} \;\rightarrow\; \frac{P}{I} = V \;\rightarrow\; V = \frac{P}{I}$$

両辺に $\frac{1}{I}$ をかける　　分母と分子を　　右辺と左辺を
　　　　　　　　　　　　I で約分　　　入れ替える

よって、ニは「正」です。

以上より、正解はハです。

| 問題 **❷** | 解答：ニ |

オームの法則より、抵抗 $R[\Omega]$ は次のように表すことができます。

$$R = \frac{V}{I}\,[\Omega]$$

よって、イは「正」です。

次に、電力を求める公式 $P = I^2 R\,[\mathrm{W}]$ から抵抗 $R[\Omega]$ を求めます。

$$P = I^2 R \;\rightarrow\; P \times \frac{1}{I^2} = I^2 R \times \frac{1}{I^2} \;\rightarrow\; \frac{P}{I^2} = \frac{\cancel{I^2} R}{\cancel{I^2}} \;\rightarrow\; \frac{P}{I^2} = R$$

　　　　　　　　両辺に $\frac{1}{I^2}$ をかける　　分母と分子を　　右辺と左辺を入れ替える
　　　　　　　　　　　　　　　　　　　　　　I^2 で約分

$$\rightarrow\; R = \frac{P}{I^2}$$

よって、ロは「正」です。

同様に、電力を求める公式 $P = \dfrac{V^2}{R}\,[\mathrm{W}]$ から抵抗 $R[\Omega]$ を求めます。

$$P = \frac{V^2}{R} \;\rightarrow\; P \times R = \frac{V^2}{R} \times R \;\rightarrow\; PR = \frac{V^2 \cancel{R}}{\cancel{R}} \;\rightarrow\; PR = V^2$$

　　　　　　　両辺に R をかける　　　　　　分母と分子を R で約分

$$\rightarrow\; PR \times \frac{1}{P} = V^2 \times \frac{1}{P} \;\rightarrow\; \frac{\cancel{P}R}{\cancel{P}} = \frac{V^2}{P} \;\rightarrow\; R = \frac{V^2}{P}$$

　　両辺を P で割る $\left(= \frac{1}{P}$ をかける $\right)$　　分母と分子を P で約分

よって、ハは「正」です。
以上より、正解はニです。

問題❶　解答：ニ

消費電力 500 W = 0.5 kW

求める単位が［kJ］なので換算

1 時間 30 分 = $1 + \dfrac{30}{60} = \dfrac{60+30}{60} = \dfrac{90}{60} = \dfrac{3}{2}$ 時間

60分　30分

発熱量 $Q[\mathrm{kJ}]$ は、公式（→78 ページ）より、

$$Q = 3600\,Pt = 3600 \times 0.5 \times \dfrac{3}{2} = 2700 \text{ kJ}$$

0.5 kW　1時間30分

よって、正解はニです。

問題❷　解答：ロ

消費電力 400 W = 0.4 kW

1 時間 20 分 = $1 + \dfrac{20}{60} = \dfrac{60+20}{60} = \dfrac{80}{60} = \dfrac{4}{3}$ 時間

発熱量 $Q[\mathrm{kJ}]$ は、公式より、

$$Q = 3600\,Pt = 3600 \times 0.4 \times \dfrac{4}{3} = 1920 \text{ kJ}$$

よって、正解はロです。

問題❸　解答：ニ

消費電力 300 W = 0.3 kW

発熱量 $Q[\mathrm{kJ}]$ は、公式より、

$$Q = 3600\,Pt = 3600 \times 0.3 \times 2 = 2160 \text{ kJ}$$

よって、正解はニです。

問題❹ 解答：ニ

抵抗 $R[\Omega]$ での消費電力 $P[\mathrm{W}]$ は、公式（→ 33 ページ）より、
$$P = I^2 R = 15^2 \times 0.2 = 225 \times 0.2 = 45\ \mathrm{W} = 0.045\ \mathrm{kW}$$
求める熱量 $Q[\mathrm{kJ}]$ は、公式より、
$$Q = 3600\,Pt = 3600 \times 0.045 \times 1 = 162\ \mathrm{kJ}$$
よって、正解はニです。

問題❺ 解答：ニ

抵抗 $R[\Omega]$ での消費電力 $P[\mathrm{W}]$ は、公式より、
$$P = I^2 R = 10^2 \times 0.2 = 100 \times 0.2 = 20\ \mathrm{W} = 0.02\ \mathrm{kW}$$
求める熱量 $Q[\mathrm{kJ}]$ は、公式より、
$$Q = 3600Pt = 3600 \times 0.02 \times 1 = 72\ \mathrm{kJ}$$
よって、正解はニです。

問題❻ 解答：ニ

抵抗 $R[\Omega]$ での消費電力 $P[\mathrm{W}]$ は、公式より、
$$P = I^2 R = 20^2 \times 0.5 = 400 \times 0.5 = 200\ \mathrm{W} = 0.2\ \mathrm{kW}$$
求める熱量 $Q[\mathrm{kJ}]$ は、公式より、
$$Q = 3600Pt = 3600 \times 0.2 \times 1 = 720\ \mathrm{kJ}$$
よって、正解はニです。

問題❼ 解答：ハ

温度の単位には、摂氏度 [℃] とケルビン[K]があります。この 2 つには摂氏度 [℃] ＝ケルビン[K]－273.15 の関係がありますが、1 K と 1 ℃の温度差は同じです。したがって、水の温度を 20 K 上昇させることと 20 ℃上昇させることは同じです。

60 kg の水の温度を 20 K 上昇させるのに必要な熱量 $Q[\mathrm{kJ}]$ は、公式（→ 78 ページ）より、

$$Q = 4.2MT = 4.2 \times 60 \times 20 \ \mathrm{kJ}$$

この値を電力量 $W[\mathrm{kW \cdot h}]$ を求める公式（→ 79 ページ）に代入して、

$$W = \frac{Q}{3600} = \frac{4.2 \times 60 \times 20}{3600} = \frac{4.2}{3} = 1.4 \ \mathrm{kW \cdot h}$$

よって、正解はハです。

問題❽　解答：ハ

60 L（= 60 kg）の水を 20℃ 上昇させるのに必要な熱量 $Q[\mathrm{kJ}]$ は、公式より、

$$Q = 4.2MT = 4.2 \times 60 \times 20 \ \mathrm{kJ}$$

この値を電力量 $W[\mathrm{kW \cdot h}]$ を求める公式に代入して、

$$W = \frac{Q}{3600} = \frac{4.2 \times 60 \times 20}{3600} = \frac{4.2}{3} = 1.4 \ \mathrm{kW \cdot h}$$

よって、正解はハです。

■ 2-4 不等号と電気設備の計算（問題は 92 ページ）

問題❶　解答：ロ

電圧の低圧区分に関する問題です。直流は 750 V 以下、交流は 600 V 以下になります（→ 86 ページ・表）。
　よって、正解はロです。

問題❷　解答：ロ

交流の電圧区分に関する問題です。低圧は 600 V 以下、高圧は 600 V を超え、7000 V 以下になります（→ 86 ページ・表）。
　よって、正解はロです。

問題 ❸ 解答：ロ

　a–b間の距離は6mなので、分岐した幹線の長さは8m以下です（→87ページ・図Aの②）。したがって、電線の許容電流の最小値をI_W[A]、幹線の過電流遮断器の定格電流をI_B[A]とすると、

$$I_W \geqq 0.35 \times I_B$$

となり、I_B（100 A）の35％がI_W[A]となります。

$$I_W = 0.35 \times 100 = 35\ \text{A}$$

　よって、正解はロです。

問題 ❹ 解答：ニ

　a–b間の距離は10mなので、分岐した幹線の長さは8mを超えています（→87ページ・図Aの③）。したがって、電線の許容電流の最小値をI_W[A]、幹線の過電流遮断器の定格電流をI_B[A]とすると、

$$I_W \geqq 0.55 \times I_B$$

となり、I_B（60 A）の55％がI_W[A]となります。

$$I_W = 0.55 \times 60 = 33\ \text{A}$$

　よって、正解はニです。

問題 ❺ 解答：ロ

　a–b間の距離は5mなので、分岐した幹線の長さは8m以下です（→87ページ・図Aの②）。したがって、電線の許容電流の最小値をI_W[A]、幹線の過電流遮断器の定格電流をI_B[A]とすると、

$$I_W \geqq 0.35 \times I_B$$

となり、I_B（60 A）の35％がI_W[A]となります。

$$I_W = 0.35 \times 60 = 21\ \text{A}$$

　よって、正解はロです。

問題❻ 解答：イ

幹線を保護する過電流遮断器の定格電流 I_B は 100 A、分岐する電線の許容電流 I_W は 34 A なので、I_B に対する I_W の割合（百分率（%））は、

$$\underset{\text{─── } I_B\text{に対する }I_W\text{の割合}}{\overset{\text{─── 百分率 = 割合 ×100}}{\dfrac{I_W}{I_B} \times 100}} = \dfrac{34}{100} \times 100 = 34\%$$

I_W が I_B の 35 % よりも小さいときには、a–b 間の長さは 3 m 以下にするので（→ 87 ページ・図 A の①）、正解はイです。

比例・反比例と電気

第二種電気工事士試験では、銅線の長さや断面積の大きさから抵抗を求める問題が出題されています。

このような問題を解くときには、文字式の計算や式変形だけでなく、比例・反比例の関係を把握することも大切です。そうすることで、電気で使う公式の理解をより深めることができます。

第3章では、この点を中心に解説します。

円の面積と抵抗を求める計算

●電線の長さ・断面積と抵抗

(1) 電線の長さ $L[\mathrm{m}]$、断面積 $A[\mathrm{m}^2]$ のときの抵抗 $R[\Omega]$

$$R = \rho \frac{L}{A} [\Omega] \ (抵抗率：\rho[\Omega \cdot \mathrm{m}]) \ \cdots\cdots (式1)$$

ρ は抵抗率で、電流の流れを妨げる程度を表します。この式を変形して ρ を求めると、

$$\rho = R[\Omega] \times \frac{A[\mathrm{m}^2]}{L[\mathrm{m}]} = \frac{RA}{L} \left[\Omega \cdot \frac{\mathrm{m}^2}{\mathrm{m}}\right] = \frac{RA}{L} [\Omega \cdot \mathrm{m}]$$

となり、抵抗率の単位は $[\Omega \cdot \mathrm{m}]$ です。

(2) 電線の長さ $L[\mathrm{m}]$、断面積 $A[\mathrm{mm}^2]$ のときの抵抗 $R[\Omega]$

$$R = \rho \frac{L}{A} [\Omega] \ (抵抗率 \ \rho：[\Omega \cdot \mathrm{mm}^2/\mathrm{m}]) \ \cdots\cdots (式2)$$

断面積の単位は、一般的に $[\mathrm{mm}^2]$ で表します。(1) と同じくこの式を変形して ρ を求めると、

$$\rho = R[\Omega] \times \frac{A[\mathrm{mm}^2]}{L[\mathrm{m}]} = \frac{RA}{L} \left[\Omega \cdot \frac{\mathrm{mm}^2}{\mathrm{m}}\right]$$

となり、抵抗率の単位は $[\Omega \cdot \mathrm{mm}^2/\mathrm{m}]$ です。

ここで、抵抗率の単位を (1) と同じように $[\Omega \cdot \mathrm{m}]$ で表すことを考えます。$1\,\mathrm{mm} = 0.001\,\mathrm{m} = 10^{-3}\,\mathrm{m}$ なので、$1\,\mathrm{mm}^2 = 1\,\mathrm{mm} \times 1\,\mathrm{mm} = 10^{-3}\,\mathrm{m} \times 10^{-3}\,\mathrm{m} = 10^{-6}\,\mathrm{m}^2$ より、

$$\rho = \frac{RA}{L} = \frac{R \times (A \times 10^{-6})}{L} = \frac{RA}{L} \times 10^{-6} [\Omega \cdot \mathrm{m}]$$

この式を変形すると、

$$\rho = \frac{RA}{L} \times 10^{-6} = \frac{RA}{L} \times \frac{1}{10^6} = \frac{RA}{L \times 10^6} \qquad \text{※} 10^{-6} = \frac{1}{10^6} \rightarrow 38 \text{ページの (5)}$$

よって、

$$R = \rho \frac{L}{A} \times 10^6 \; [\Omega] \;\; (\text{抵抗率} \; \rho \, [\Omega \cdot \text{m}]) \; \cdots\cdots \; (\text{式 3})$$

となります。

　（式 1）から（式 3）までを紹介しましたが、第二種電気工事士の試験では（式 3）を使うことが多いので、よく覚えておきましょう。

例　題　直径 2.0 mm、長さ 200 m の銅線の抵抗 R は何 $[\Omega]$ になるかを求めなさい。ただし、抵抗率 ρ は $1.72 \times 10^{-8} \; \Omega \cdot \text{m}$ とし、円周率 π は 3.14 で計算すること。

解　答

直径が 2.0 mm の銅線の断面積 $A \, [\text{mm}^2]$ は、

$$A = (\text{半径})^2 \times 3.14 = \left(\frac{2.0}{2} \right)^2 \times 3.14 = 1^2 \times 3.14 = 3.14 \; \text{mm}^2$$

$$\text{半径} = \frac{\text{直径}}{2}$$

抵抗 $R \, [\Omega]$ は、（式 3）より、

指数のかけ算は、指数どうしの足し算に

$$R = \rho \frac{L}{A} \times 10^6 = 1.72 \times 10^{-8} \times \frac{200}{3.14} \times 10^6 = \frac{1.72 \times 200 \times 10^{(-8)+6}}{3.14}$$

$$10^{-2} = \frac{1}{10^2} = \frac{1}{100} = 0.01$$

$$= \frac{1.72 \times 200 \times 10^{-2}}{3.14} = \frac{344 \times 0.01}{3.14} = 1.0955 \cdots \fallingdotseq 1.10 \; \Omega$$

《**別解**》 直径 2.0 mm を[m]に直してから計算します。

2.0 mmを[m]に直すと、

$$2.0\,\text{mm} = 2.0 \times 10^{-3}\,\text{m}$$

銅線の断面積 $A\,[\text{m}^2]$ は、

半径 $= \dfrac{\text{直径}}{2}$

$$A = (\text{半径})^2 \times 3.14 = \left(\frac{2.0 \times 10^{-3}}{2}\right)^2 \times 3.14$$

$$= (10^{-3})^2 \times 3.14 = 3.14 \times 10^{-6}\,\text{m}^2$$

指数の累乗は、指数どうしをかける

抵抗 $R\,[\Omega]$ は、（式 1）より、

$$R = \rho\frac{L}{A} = 1.72 \times 10^{-8} \times \frac{200}{3.14 \times 10^{-6}} = \frac{1.72 \times 10^{-8} \times 200}{3.14 \times 10^{-6}}$$

$\dfrac{1}{10^{-6}} = 10^6$

$$= \frac{1.72 \times 10^{-8} \times 200 \times 10^6}{3.14} = \frac{1.72 \times 200 \times 10^{(-8)+6}}{3.14} = \frac{1.72 \times 200 \times 10^{-2}}{3.14}$$

$$= \frac{344 \times 0.01}{3.14} = 1.0955 \doteqdot 1.10\,\Omega$$

☞ ここを確認！　　**円の面積**

試験対策を万全にするために、計算の仕方を復習しておこう

---

(1) 単位に注意して面積を求める

①半径 $r\,[\text{m}]$ のときの円の面積 $A\,[\text{m}^2]$

$$A = (\text{半径})^2 \times \text{円周率} = r^2 \times \pi = \pi r^2\,[\text{m}^2]$$

②半径 $r\,[\text{mm}]$ のときの円の面積 $A\,[\text{mm}^2]$

$$A = (\text{半径})^2 \times \text{円周率} = r^2 \times \pi = \pi r^2\,[\text{mm}^2]$$

③半径 r[mm] のときの円の面積 A[m²]

$$r[\text{mm}] = r \times 10^{-3}[\text{m}]$$

Check! 求める面積の単位が m² なので、mm を m に換算

$$A = (半径)^2 \times 円周率 = (r \times 10^{-3})^2 \times \pi = \pi r^2 \times 10^{-6}[\text{m}^2]$$

指数の累乗は、指数どうしをかける

(2) 半径なのか直径なのかに注意する

①直径 D[m] のときの円の面積 A[m²]

$$A = (半径)^2 \times 円周率 = \left(\frac{直径}{2}\right)^2 \times 円周率$$

$$= \left(\frac{D}{2}\right)^2 \times \pi = \frac{\pi D^2}{4}[\text{m}^2]$$

②直径 D[mm] のときの面積 A[m²]

$$D[\text{mm}] = D \times 10^{-3}[\text{m}]$$

Check! 求める面積の単位が m² なので、mm を m に換算

$$A = (半径)^2 \times 円周率 = \left(\frac{直径}{2}\right)^2 \times 円周率$$

$$= \left(\frac{D \times 10^{-3}}{2}\right)^2 \times \pi = \frac{\pi D^2}{4} \times 10^{-6}[\text{m}^2]$$

指数の累乗は、指数どうしをかける

※2014年度以前の問題の単位表記については変更しています。　●解答は120ページ

問題 ❶　次の各問いに答えなさい。ただし、円周率は π で計算すること。

(1)　半径 r が2mの円の面積 $A[\mathrm{m^2}]$ を求めなさい。

(2)　半径 r が4mmの円の面積 $A[\mathrm{mm^2}]$ を求めなさい。

(3)　半径 r が2mから2倍の4mになると、円の面積は何倍になるかを求めなさい。

(4)　直径 D が2mの円の面積 $A[\mathrm{m^2}]$ を求めなさい。

(5)　直径 D が4mmの円の面積 $A[\mathrm{mm^2}]$ を求めなさい。

(6)　直径 D が2mから2倍の4mになると、円の面積は何倍になるかを求めなさい。

(7)　直径 D が4mから $\dfrac{1}{2}$ 倍の2mになると、円の面積は何倍になるかを求めなさい。

問題 ❷　直径2.0mm、長さ50mの銅線の抵抗 R は何 $[\Omega]$ になるかを求めなさい。ただし、抵抗率 ρ は $1.72 \times 10^{-8}\ \Omega \cdot \mathrm{m}$ とし、円周率 π は3.14で計算すること。

問題 ❸　抵抗率 $\rho[\Omega \cdot \mathrm{m}]$、直径 $D[\mathrm{mm}]$、長さ $L[\mathrm{m}]$ の導線の電気抵抗 $[\Omega]$ を表す式は。

　イ．$\dfrac{4\rho L}{\pi D^2} \times 10^6$　　ロ．$\dfrac{\rho L^2}{\pi D^2} \times 10^6$　　ハ．$\dfrac{4\rho L}{\pi D} \times 10^6$　　ニ．$\dfrac{4\rho L^2}{\pi D} \times 10^6$

【2015年度下期/類似問題：2010年度】

問題 ❹ 電気抵抗 $R[\Omega]$、直径 $D[\mathrm{mm}]$、長さ $L[\mathrm{m}]$ の導線の抵抗率 $[\Omega{\cdot}\mathrm{m}]$ を表す式は。

イ. $\dfrac{\pi D^2 R}{4L \times 10^6}$　　ロ. $\dfrac{\pi D^2 R}{L^2 \times 10^6}$　　ハ. $\dfrac{\pi DR}{4L \times 10^3}$　　ニ. $\dfrac{\pi DR}{4L^2 \times 10^3}$

【2014 年度上期】

3-2 比例・反比例と抵抗

●比例・反比例

長さ $L\,[\mathrm{m}]$、断面積 $A\,[\mathrm{m}^2]$ の電線の抵抗 $R\,[\Omega]$ は、

$$R = \rho\,\frac{L}{A}\,[\Omega]\quad(\text{抵抗率}：\rho\,[\Omega\cdot\mathrm{m}])$$

です（→104ページ・(式1)）。この式は、抵抗 $R\,[\Omega]$ は電線の長さ $L\,[\mathrm{m}]$ に比例し、断面積 $A\,[\mathrm{m}^2]$ に反比例することを表しています。

図Bの電線は、図Aの電線と断面積 $A\,[\mathrm{m}^2]$ が同じ大きさで、長さ $L\,[\mathrm{m}]$ を2倍にしたものです。長さ $L\,[\mathrm{m}]$ が2倍になると抵抗 $R\,[\Omega]$ の大きさも2倍になります。

長さ $L\,[\mathrm{m}]$
断面積 $A\,[\mathrm{m}^2]$
図A

長さ $2L\,[\mathrm{m}]$
断面積 $A\,[\mathrm{m}^2]$
図B

図Dの電線は、図Cの電線と長さ $L\,[\mathrm{m}]$ が同じで、断面積 $A\,[\mathrm{m}^2]$ を2倍にしたものです。断面積 $A\,[\mathrm{m}^2]$ が2倍になると、抵抗 $R\,[\Omega]$ の大きさは $\dfrac{1}{2}$ 倍になります。

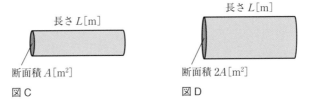

長さ $L\,[\mathrm{m}]$
断面積 $A\,[\mathrm{m}^2]$
図C

長さ $L\,[\mathrm{m}]$
断面積 $2A\,[\mathrm{m}^2]$
図D

例題 ❶　次の各問いに答えなさい。

(1) ある電線の長さ L を 2 倍にすると、この電線の抵抗 R はもとの値の何倍になるかを求めなさい。

(2) ある電線の長さ L を $\frac{1}{3}$ 倍にすると、この電線の抵抗 R はもとの値の何倍になるかを求めなさい。

(3) ある電線の断面積 A を 2 倍にすると、この電線の抵抗 R はもとの値の何倍になるかを求めなさい。

(4) ある電線の断面積 A を $\frac{1}{3}$ 倍にすると、この電線の抵抗 R はもとの値の何倍になるかを求めなさい。

(5) ある電線の長さ L を 3 倍にし、断面積 A を 2 倍にすると、この電線の抵抗 R はもとの値の何倍になるかを求めなさい。

(6) ある電線の長さ L を 3 倍にし、断面積 A を $\frac{1}{2}$ 倍にすると、この電線の抵抗 R はもとの値の何倍になるかを求めなさい。

(7) ある電線の長さ L を $\frac{1}{2}$ 倍にし、断面積 A を 3 倍にすると、この電線の抵抗 R はもとの値の何倍になるかを求めなさい。

(8) ある電線の直径を 2 倍にすると、この電線の抵抗 R はもとの値の何倍になるかを求めなさい。

(9) ある電線の直径を $\frac{1}{2}$ 倍にすると、この電線の抵抗 R はもとの値の何倍になるかを求めなさい。

解　答

　(1)から(9)について、もとの抵抗を $R = \rho \dfrac{L}{A}$（ρ：抵抗率、L：長さ、A：断面積）として考えます。

(1) 電線の長さ L を 2 倍にしたときの抵抗 R は、

長さ L を2倍　もとの抵抗の2倍

$$R = \rho \times \frac{2L}{A} = 2 \times \rho \frac{L}{A} \, [\Omega]$$

よって、抵抗 R はもとの値の 2 倍になります。

(2) 電線の長さ L を $\frac{1}{3}$ 倍にしたときの抵抗 R は、

長さ L を $\frac{1}{3}$ 倍　　　もとの抵抗の $\frac{1}{3}$ 倍

$$R = \rho \times \frac{\frac{1}{3}L}{A} = \rho \times \frac{\frac{1}{3}L \times 3}{A \times 3} = \rho \times \frac{L}{3A} = \frac{1}{3} \times \rho \frac{L}{A} \, [\Omega]$$

分子を分数でなくすため、分母と分子に3をかける

よって、抵抗 R はもとの値の $\frac{1}{3}$ 倍になります。

(3) 電線の断面積 A を 2 倍にしたときの抵抗 R は、

$$R = \rho \times \frac{L}{2A} = \frac{1}{2} \times \rho \frac{L}{A} \, [\Omega]$$

断面積 A を2倍　　　もとの抵抗の $\frac{1}{2}$ 倍

よって、抵抗 R はもとの値の $\frac{1}{2}$ 倍になります。

(4) 電線の断面積 A を $\frac{1}{3}$ 倍にしたときの抵抗 R は、

$$R = \rho \times \frac{L}{\frac{1}{3}A} = \rho \times \frac{L \times 3}{\frac{1}{3}A \times 3} = \rho \times \frac{3L}{A} = 3 \times \rho \frac{L}{A} \, [\Omega]$$

もとの抵抗の3倍

断面積 A を $\frac{1}{3}$ 倍　分母を分数でなくすため、分母と分子に3をかける

よって、抵抗 R はもとの値の 3 倍になります。

(5) 電線の長さ L を 3 倍、断面積 A を 2 倍にしたときの抵抗 R は、

$$R = \rho \times \frac{3L}{2A} = \frac{3}{2} \times \rho \frac{L}{A} \, [\Omega]$$

長さ L を 3 倍
断面積 A を 2 倍
もとの抵抗の $\frac{3}{2}$ 倍

よって、抵抗 R はもとの値の $\frac{3}{2}$ 倍になります。

(6) 電線の長さ L を 3 倍、断面積 A を $\frac{1}{2}$ 倍にしたときの抵抗 R は、

$$R = \rho \times \frac{3L}{\frac{1}{2}A} = \rho \times \frac{3L \times 2}{\frac{1}{2}A \times 2} = \rho \times \frac{6L}{A} = 6 \times \rho \frac{L}{A} \, [\Omega]$$

長さ L を 3 倍
断面積 A を $\frac{1}{2}$ 倍　分母を分数でなくすため、分母と分子に 2 をかける
もとの抵抗の 6 倍

よって、抵抗 R はもとの値の 6 倍になります。

(7) 電線の長さ L を $\frac{1}{2}$ 倍、断面積 A を 3 倍にしたときの抵抗 R は、

長さ L を $\frac{1}{2}$ 倍　分子を分数でなくすため、分母と分子に 2 をかける

$$R = \rho \times \frac{\frac{1}{2}L}{3A} = \rho \times \frac{\frac{1}{2}L \times 2}{3A \times 2} = \rho \times \frac{L}{6A} = \frac{1}{6} \times \rho \frac{L}{A} \, [\Omega]$$

断面積 A を 3 倍
もとの抵抗の $\frac{1}{6}$ 倍

よって、抵抗 R はもとの値の $\frac{1}{6}$ 倍になります。

(8) 電線の直径を 2 倍にすると、断面積は 4 倍になります（→ 115 ページ、120
ページ・問題❶の(6)）。断面積 A を 4 倍にしたときの抵抗 R は、

$$R = \rho \times \frac{L}{4A} = \frac{1}{4} \times \rho \frac{L}{A} \, [\Omega]$$

断面積 A を 4 倍
もとの抵抗の $\frac{1}{4}$ 倍

よって、抵抗 R はもとの値の $\dfrac{1}{4}$ 倍になります。

(9) 電線の直径を $\dfrac{1}{2}$ 倍にすると、断面積は $\dfrac{1}{4}$ 倍になります（→ 115 ページ、121 ページ・問題❶の(7)）。断面積 A を $\dfrac{1}{4}$ 倍にしたときの抵抗 R は、

$$R = \rho \times \frac{L}{\frac{1}{4}A} = \rho \times \frac{L \times 4}{\frac{1}{4}A \times 4} = \rho \times \frac{4L}{A} = 4 \times \rho \, \frac{L}{A} \, [\Omega]$$

もとの抵抗の4倍

断面積 A を $\dfrac{1}{4}$ 倍 ── 分母を分数でなくすため、分母と分子に4をかける

よって、抵抗 R はもとの値の 4 倍になります。

例題 ❷ 断面積 $3.14\,\mathrm{mm^2}$、長さ $10\,\mathrm{m}$ の銅導線と抵抗値が同じ同材質の銅導線は、次のうちどれになるかを答えなさい。

イ．断面積 $6.28\,\mathrm{mm^2}$、長さ $10\,\mathrm{m}$　　　ロ．断面積 $6.28\,\mathrm{mm^2}$、長さ $5\,\mathrm{m}$

ハ．断面積 $6.28\,\mathrm{mm^2}$、長さ $20\,\mathrm{m}$　　　ニ．断面積 $3.14\,\mathrm{mm^2}$、長さ $20\,\mathrm{m}$

解　答

断面積 $3.14\,\mathrm{mm^2}$、長さ $10\,\mathrm{m}$ に対して、イからニは次のような関係になっています。

イ：断面積 $6.28\,\mathrm{mm^2}$：2 倍　　　長さ $10\,\mathrm{m}$：1 倍

ロ：断面積 $6.28\,\mathrm{mm^2}$：2 倍　　　長さ $5\,\mathrm{m}$：0.5 倍

ハ：断面積 $6.28\,\mathrm{mm^2}$：2 倍　　　長さ $20\,\mathrm{m}$：2 倍

ニ：断面積 $3.14\,\mathrm{mm^2}$：1 倍　　　長さ $20\,\mathrm{m}$：2 倍

$$R = \rho \, \frac{L}{A} \, [\Omega] \quad （抵抗率：\rho\,[\Omega\cdot\mathrm{mm^2/m}]）（→ 104 ページ・(式2)）$$

より、抵抗 R の値が変わらないのは、長さ L と断面積 A が同じ倍率になる場合です。

したがって、断面積が 2 倍、長さも 2 倍になるハが正解です。

☞ ここを確認！　**比例・反比例**

試験対策を万全にするために、計算の仕方を復習しておこう

---

(1) 円の半径（直径）が 2 倍になると面積は 4 倍、$\dfrac{1}{2}$ 倍になると面積は $\dfrac{1}{4}$ 倍になる

① 半径 r の円の面積 A_1：$A_1 = \underline{\pi r^2}$　（→ 106 ページ）

例：半径 r が 2 倍の円の面積 A_1'

$$A_1' = \pi \times (\underline{2r})^2 = \pi \times 4r^2 = \underline{\underline{4\pi r^2}}$$

　　半径 r の 2 倍　　　　　半径 r の円の面積の 4 倍

例：半径 r が $\dfrac{1}{2}$ 倍の円の面積 A_1''

$$A_1'' = \pi \times \left(\frac{r}{2}\right)^2 = \pi \times \frac{r^2}{4} = \underline{\underline{\frac{1}{4}\pi r^2}}$$

　　半径 r の $\dfrac{1}{2}$ 倍　　　　半径 r の円面積の $\dfrac{1}{4}$ 倍

② 直径 D の円の面積 A_2：$A_2 = \pi \times \left(\dfrac{D}{2}\right)^2 = \pi \times \dfrac{D^2}{2^2} = \boxed{\dfrac{\pi D^2}{4}}$

例：直径 D が 2 倍の円の面積 A_2'

$$A_2' = \pi \times \left(\frac{2D}{2}\right)^2 = \pi \times \frac{(2D)^2}{2^2} = \pi \times \frac{4 \times D^2}{4} = \underline{\underline{4}} \times \frac{\pi D^2}{4} = \pi D^2$$

　　　　直径 D の 2 倍　　　　　　　直径 D の円の面積の 4 倍

例：直径 D が $\dfrac{1}{2}$ 倍の円の面積 A_2''

$$A_2'' = \pi \times \left(\frac{\frac{D}{2}}{2}\right)^2 = \pi \times \frac{\left(\frac{1}{2}D\right)^2}{2^2} = \pi \times \frac{\frac{1}{4} \times D^2}{4} = \underline{\underline{\frac{1}{4}}} \times \frac{\pi D^2}{4} = \frac{\pi D^2}{16}$$

　　　　直径 D の $\dfrac{1}{2}$ 倍　　　　　直径 D の円の面積の $\dfrac{1}{4}$ 倍

(2) *x* と *y* が比例するとき、式 *y=ax*（*a*：比例定数）で表すことができる

変数 *x* が2倍、3倍、4倍、……となるとき、変数 *y* も2倍、3倍、4倍、……となる場合、*y* は *x* に比例するといいます。

この表のような関係が成り立つとき、

$$y=2x \quad （比例定数：2）$$

で表すことができます。比例定数 *a* は、表のある欄の *x* と *y* の値を式 *y=ax* に代入して求めることができます。

例えば、次のような表があり、*x* と *y* が比例する関係を表している場合、空欄①～③を次のように求めることができます。

x	1	2	②	4
y	①	−6	−9	③

式 *y=ax* に、*x*＝2、*y*＝−6（▲の欄の値）を代入すると、−6＝*a*×2。よって比例定数 *a* は−3となり、この表は *y*＝−3*x* という式を表していることになります。

◎表中の①の値：*y*＝−3*x* に *x*＝1 を代入して、*y*＝−3×1＝−3

◎表中の②の値：*y*＝−3*x* に *y*＝−9 を代入して、−9＝−3×*x*。よって、*x*＝3

◎表中の③の値：*y*＝−3*x* に *x*＝4 を代入して、*y*＝−3×4＝−12

(3) x と y が反比例するとき、式 $xy=a$（a：比例定数）で表すことができる

変数 x が2倍、3倍、4倍、……となるとき、変数 y が $\dfrac{1}{2}$ 倍、$\dfrac{1}{3}$ 倍、$\dfrac{1}{4}$ 倍、……となる場合、y は x に反比例するといいます。

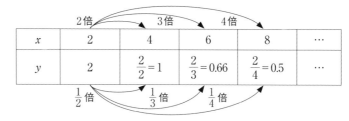

この表のような関係が成り立つとき、

$xy=4$（比例定数：4）

で表すことができます。比例定数 a は、表のある欄の x と y の値を式 $xy=a$ に代入して求めることができます。

例えば、次のような表があり、x と y が反比例する関係を表している場合、空欄①〜③を次のように求めることができます。

x	1	2	3	4
y	①	6	②	③

式 $xy=a$ に、$x=2$、$y=6$（▲の欄の値）を代入すると、$2\times6=12$。よって比例定数 a は12となり、この表は $xy=12$ という式を表していることになります。

◎表中の①の値：$xy=12$ に $x=1$ を代入して、$y=12$

◎表中の②の値：$xy=12$ に $x=3$ を代入して、$3y=12$。よって、$y=4$

◎表中の③の値：$xy=12$ に $x=4$ を代入して、$4y=12$。よって、$y=3$

問題 ❶　A、B 2 本の同材質の銅線がある。A は直径 1.6 mm、長さ 20 m、B は直径 3.2 mm、長さ 40 m である。A の抵抗は B の抵抗の何倍か。

　　イ．1　　　ロ．2　　　ハ．3　　　ニ．4

【2013 年度上期/類似問題：2015 年度上期】

問題 ❷　A、B 2 本の同材質の銅線がある。A は直径 1.6 mm、長さ 40 m、B は直径 3.2 mm、長さ 20 m である。A の抵抗は B の抵抗の何倍か。

　　イ．2　　　ロ．4　　　ハ．6　　　ニ．8

【2011 年度上期】

問題 ❸　ビニル絶縁電線（単心）の導体の直径を D、長さを L とするとき、この電線の抵抗と許容電流に関する記述として、誤っているものは。

　　イ．許容電流は、周囲の温度が上昇すると、大きくなる。
　　ロ．電線の抵抗は、D^2 に反比例する。
　　ハ．電線の抵抗は、L に比例する。
　　ニ．許容電流は、D が大きくなると、大きくなる。

【2019 年度上期/類似問題：2018 年度上期・2011 年度下期】

問題❹　直径 1.6 mm、長さ 8 m の軟銅線と電気抵抗が等しくなる直径 3.2 mm の軟銅線の長さ[m]は。ただし、軟銅線の抵抗率は同一とする。

イ．4　　　ロ．8　　　ハ．16　　　ニ．32

【2012 年度上期・2008 年度】

問題❺　直径 2.6 mm、長さ 10 m の銅導線と抵抗値が最も近い同材質の銅導線は。

イ．断面積 5.5 mm²、長さ 10 m
ロ．断面積 8 mm²、長さ 10 m
ハ．直径 1.6 mm、長さ 20 m
ニ．直径 3.2 mm、長さ 5 m

【2019 年度下期/類似問題：2014 年度下期】

3-1 円の面積と抵抗を求める計算 （問題は 108 ページ）

問題 ❶ 　解答：(1) $4\pi\,[\mathrm{m^2}]$ 　(2) $16\pi\,[\mathrm{mm^2}]$ 　(3) 4 倍 　(4) $\pi\,[\mathrm{m^2}]$

(5) $4\pi\,[\mathrm{mm^2}]$ 　(6) 4 倍 　(7) $\dfrac{1}{4}$ 倍

(1) $A = \pi r^2 = \pi \times 2^2 = 4\pi\,[\mathrm{m^2}]$

(2) $A = \pi r^2 = \pi \times 4^2 = 16\pi\,[\mathrm{mm^2}]$

(3) 半径 r が 2 m の円の面積 $= \pi \times 2^2 = 4\pi\,[\mathrm{m^2}]$
　　半径 r が 4 m の円の面積 $= \pi \times 4^2 = 16\pi\,[\mathrm{m^2}]$

$\dfrac{\text{半径 } r \text{ が 4 m の円の面積}}{\text{半径 } r \text{ が 2 m の円の面積}} = \dfrac{16\pi}{4\pi} = 4$

となるので、円の面積は 4 倍になる。

半径 $= \dfrac{直径}{2}$

(4) $A = \pi r^2 = \pi \times \left(\dfrac{D}{2}\right)^2 = \pi \times \left(\dfrac{2}{2}\right)^2 = \pi \times 1^2 = \pi\,[\mathrm{m^2}]$

(5) $A = \pi r^2 = \pi \times \left(\dfrac{D}{2}\right)^2 = \pi \times \left(\dfrac{4}{2}\right)^2 = \pi \times 2^2 = 4\pi\,[\mathrm{mm^2}]$

(6) 直径 D が 2 m の円の面積 $= \pi \times \left(\dfrac{2}{2}\right)^2 = \pi \times 1^2 = \pi\,[\mathrm{m^2}]$

　　直径 D が 4 m の円の面積 $= \pi \times \left(\dfrac{4}{2}\right)^2 = \pi \times 2^2 = 4\pi\,[\mathrm{m^2}]$

$$\frac{直径\,D\,が\,4\,\mathrm{m}\,の円の面積}{直径\,D\,が\,2\,\mathrm{m}\,の円の面積} = \frac{4\pi}{\pi} = 4$$

となるので、円の面積は 4 倍になる。

(7) 直径 D が 4 m の円の面積 $= \pi \times \left(\dfrac{4}{2}\right)^2 = \pi \times 2^2 = 4\pi\,[\mathrm{m}^2]$

直径 D が 2 m の円の面積 $= \pi \times \left(\dfrac{2}{2}\right)^2 = \pi \times 1^2 = \pi\,[\mathrm{m}^2]$

$$\frac{直径\,D\,が\,2\,\mathrm{m}\,の円の面積}{直径\,D\,が\,4\,\mathrm{m}\,の円の面積} = \frac{\pi}{4\pi} = \frac{1}{4}$$

となるので、円の面積は $\dfrac{1}{4}$ 倍になる。

問題 ❷　解答：0.27 Ω

直径 D が 2.0 mm の銅線の断面積 $A\,[\mathrm{mm}^2]$ は、

$$A = \pi \times \left(\frac{D}{2}\right)^2 = 3.14 \times \left(\frac{2.0}{2}\right)^2 = 3.14 \times 1^2 = 3.14\ \mathrm{mm}^2$$

抵抗 $R\,[\Omega]$ は、公式（→ 105 ページ・（式 3））より、

$$R = \rho\,\frac{L}{A} \times 10^6 = \boxed{1.72 \times 10^{-8}} \times \frac{50}{3.14} \times 10^6 = \frac{1.72 \times 50 \times 10^{-8} \times 10^6}{3.14}$$

指数のかけ算は、指数どうしの足し算に

$10^{-2} = \dfrac{1}{10^2} = \dfrac{1}{100} = 0.01$

$$= \frac{1.72 \times 50 \times 10^{(-8)+6}}{3.14} = \frac{1.72 \times 50 \times 10^{-2}}{3.14} = \frac{86 \times 0.01}{3.14} \fallingdotseq 0.27\ \Omega$$

問題 ❸　解答：イ

直径が $D\,[\mathrm{mm}]$ の導線の断面積 $A\,[\mathrm{mm}^2]$ は、

$$A = \left(\frac{D}{2}\right)^2 \times \pi = \frac{\pi D^2}{4}\ [\mathrm{mm}^2] \ \cdots\cdots\ ①$$

断面積 $A[\mathrm{mm^2}]$、長さ $L[\mathrm{m}]$、抵抗率 $\rho[\Omega\cdot\mathrm{m}]$ の導線の電気抵抗 $R[\Omega]$ は、公式より、

$$R = \rho\frac{L}{A}\times 10^6[\Omega]\ \cdots\cdots ②$$

①を②に代入して、

$$R = \rho\frac{L}{A}\times 10^6 = \frac{\rho L}{A}\times 10^6 = \frac{\rho L}{\dfrac{\pi D^2}{4}}\times 10^6 = \frac{\rho L\times 4}{\dfrac{\pi D^2}{4}\times 4}\times 10^6 = \frac{4\rho L}{\pi D^2}\times 10^6[\Omega]$$

分母を分数でなくすため、分母と分子に4をかける

よって、正解はイです。

問題❹　解答：イ

直径が $D[\mathrm{mm}]$ の導線の断面積 $A[\mathrm{mm^2}]$ は、

$$A = \left(\frac{D}{2}\right)^2\times\pi = \frac{\pi D^2}{4}\ [\mathrm{mm^2}]\ \cdots\cdots ①$$

断面積 $A[\mathrm{mm^2}]$、長さ $L[\mathrm{m}]$、抵抗率 $\rho[\Omega\cdot\mathrm{m}]$ の導線の電気抵抗 $R[\Omega]$ は、公式より、

$$R = \rho\frac{L}{A}\times 10^6[\Omega]$$

これを抵抗率 $\rho[\Omega\cdot\mathrm{m}]$ を求める式に変形します。

$$R = \rho\frac{L}{A}\times 10^6\ \rightarrow\ R = \frac{\rho L\times 10^6}{A}\ \rightarrow$$

$$R\times\frac{A}{L\times 10^6} = \frac{\rho L\times 10^6}{A}\times\frac{A}{L\times 10^6}\ \rightarrow\ \frac{RA}{L\times 10^6} = \rho\ \rightarrow$$

右辺を ρ だけにするため、両辺に $\dfrac{A}{L\times 10^6}$ をかける

右辺と左辺を入れ替える

$$\rho = \frac{RA}{L\times 10^6}\ \cdots\cdots ②$$

①を②に代入して、

$$\rho = \frac{RA}{L \times 10^6} = \frac{R \times \dfrac{\pi D^2}{4}}{L \times 10^6} = \frac{R \times \dfrac{\pi D^2}{4} \times 4}{L \times 10^6 \times 4} = \frac{\pi D^2 R}{4L \times 10^6}$$

分子を分数でなくすため、分母と分子に4をかける

よって、正解はイです。

3-2 比例・反比例と抵抗 <small>（問題は118ページ）</small>

（問題は118ページ）

問題❶　解答：ロ

　銅線 A の長さ 20 m は、銅線 B の長さ 40 m の $\dfrac{1}{2}$ 倍です。また、銅線 A の直径 1.6 mm は、銅線 B の直径 3.2 mm の $\dfrac{1}{2}$ 倍なので、断面積は $\dfrac{1}{4}$ 倍になります（→ 115 ページ、121 ページ・問題❶の(7)）。

　銅線 B の抵抗を $R = \rho \dfrac{L}{A}$ [Ω]（ρ：抵抗率、L：長さ、A：断面積）とすると、銅線 A の抵抗は、

分母と分子を分数でなくすため、分母と分子に4をかける

長さは $\dfrac{1}{2}$ 倍　　断面積は $\dfrac{1}{4}$ 倍

$$\text{銅線 A の抵抗} = \rho \times \frac{\dfrac{1}{2}L}{\dfrac{1}{4}A} = \rho \times \frac{\dfrac{1}{2}}{\dfrac{1}{4}} \times \frac{L}{A} = \frac{\dfrac{1}{2}}{\dfrac{1}{4}} \times \rho \frac{L}{A} = \frac{\dfrac{1}{2} \times 4}{\dfrac{1}{4} \times 4} \times \rho \frac{L}{A}$$

銅線Bの抵抗

$$= 2 \times \rho \frac{L}{A} \; [\Omega]$$

銅線Bの抵抗の2倍

　よって、銅線 A の抵抗は銅線 B の抵抗の 2 倍になり、正解はロです。

《別解》　銅線 A、B の断面積と抵抗を計算して、比較します。

$$\text{銅線 A の断面積} = \pi r^2 = \pi \times \left(\frac{1.6}{2}\right)^2 = \frac{1.6^2 \pi}{4} \; [\text{mm}^2]$$

銅線 A の抵抗 = $\rho \dfrac{L}{A} = \rho \times \dfrac{20}{\dfrac{1.6^2 \pi}{4}} = \dfrac{20\rho}{\dfrac{1.6^2 \pi}{4}}$ [Ω]

> **Check!** A と B の割合を求めるので、これ以上計算せず、次の計算に進む

同じく、銅線 B の断面積と抵抗を計算します。

銅線 B の断面積 = $\pi r^2 = \pi \times \left(\dfrac{3.2}{2}\right)^2 = \dfrac{3.2^2 \pi}{4}$ [mm²]

銅線 B の抵抗 = $\rho \dfrac{L}{A} = \rho \times \dfrac{40}{\dfrac{3.2^2 \pi}{4}} = \dfrac{40\rho}{\dfrac{3.2^2 \pi}{4}}$ [Ω]

> **Check!** A と B の割合を求めるので、これ以上計算せず、次の計算に進む

銅線 A の抵抗が銅線 B の抵抗の何倍になるかを計算します。

$$\dfrac{銅線\ A\ の抵抗}{銅線\ B\ の抵抗} = \dfrac{\dfrac{20\rho}{\dfrac{1.6^2 \pi}{4}}}{\dfrac{40\rho}{\dfrac{3.2^2 \pi}{4}}} = \dfrac{\dfrac{20\rho}{\dfrac{1.6^2 \pi}{4} \times 4}}{\dfrac{40\rho}{\dfrac{3.2^2 \pi}{4} \times 4}} = \dfrac{\dfrac{20\rho}{1.6^2 \pi}}{\dfrac{40\rho}{3.2^2 \pi}} = \dfrac{\dfrac{20\rho}{1.6^2 \pi} \times 3.2^2 \pi}{\dfrac{40\rho}{3.2^2 \pi} \times 3.2^2 \pi}$$

両方の分母を分数でなくすため、分母と分子に 4 をかける

分母を分数でなくすため、分母と分子に $3.2^2 \pi$ をかける

$$= \dfrac{\dfrac{3.2^2}{1.6^2} \times 20\rho}{40\rho} = \dfrac{\left(\dfrac{3.2}{1.6}\right)^2 \times 20\rho}{40\rho} = \dfrac{2^2 \times 20\rho}{40\rho} = \dfrac{80\rho}{40\rho} = 2$$

よって、2 倍になり、正解はロです。

問題❷ 解答：ニ

銅線 A の長さ 40 m は、銅線 B の長さ 20 m の 2 倍です。また、銅線 A の直径 1.6 mm は、銅線 B の直径 3.2 mm の $\dfrac{1}{2}$ 倍なので、断面積は $\dfrac{1}{4}$ 倍になります。

銅線 B の抵抗を $R = \rho \dfrac{L}{A}$ [Ω]（ρ：抵抗率、L：長さ、A：断面積）とする

と、銅線 A の抵抗は、

長さは2倍

分母を分数でなくすため、分母と分子に4をかける

$$銅線Aの抵抗 = \rho \times \dfrac{2L}{\dfrac{1}{4}A} = \rho \times \dfrac{2}{\dfrac{1}{4}} \times \dfrac{L}{A} = \dfrac{2}{\dfrac{1}{4}} \times \rho \dfrac{L}{A} = \dfrac{2 \times 4}{\dfrac{1}{4} \times 4} \times \rho \dfrac{L}{A}$$

断面積は $\dfrac{1}{4}$ 倍

銅線Bの抵抗

$$= 8 \times \rho \dfrac{L}{A} \, [\Omega]$$

銅線Bの抵抗の8倍

よって、銅線 A の抵抗は銅線 B の抵抗の 8 倍になり、正解はニです。

問題❸ 解答：イ

電線の長さを L、断面積を A とすると、抵抗 R は、

$$R = \rho \dfrac{L}{A} \quad (\rho : 抵抗率)$$

この式より、抵抗 R は長さ L に比例するので、ハは「正」です。

一方、直径 D のときの断面積 A は

$$A = \pi \times \left(\dfrac{D}{2}\right)^2 = \dfrac{\pi D^2}{4} \quad 直径 D の 2 乗に比例$$

となり、これを上の式に代入すると、

$$R = \rho \dfrac{L}{A} = \rho \dfrac{L}{\dfrac{\pi D^2}{4}} = \rho \dfrac{L \times 4}{\dfrac{\pi D^2}{4} \times 4} = \rho \dfrac{4L}{\pi D^2}$$

分母を分数でなくすため、分母と分子に4をかける

となって、抵抗 R は直径 D の 2 乗に反比例します。よって、ロは「正」です。

また、直径 D が大きくなると断面積 A は大きくなるため、抵抗 R は小さくなります。その結果、許容電流は大きくなるので、ニは「正」です。

絶縁電線の許容電流は、周囲の温度が上昇すると小さくなります。よって、

イは「誤」です。

以上より、正解はイです。

| 問題❹ | 解答：ニ |

直径が 2 倍になると、断面積は 4 倍になります（→ 115 ページ、120 ページ・問題❶の (6)）。$R = \rho \dfrac{L}{A} \, [\Omega] \, (\rho：抵抗率、L：長さ、A：断面積）$ より、電気抵抗 R が等しくなるのは長さ L も 4 倍になるときです。

$8 \, \text{m} \times 4 = 32 \, \text{m}$

よって、正解はニです。

| 問題❺ | 解答：イ |

直径 2.6 mm の銅導線の断面積を計算します。

$$断面積 = \pi \times \left(\frac{直径}{2} \right)^2 = 3.14 \times \left(\frac{2.6}{2} \right)^2 = 3.14 \times 1.3^2 = 5.3066 \fallingdotseq 5.31 \, \text{mm}^2$$

断面積 5.31 mm²、長さ 10 m に近い銅導線はイ. 断面積 5.5 mm²、長さ 10 m です。

よって、正解はイです。

第**4**章

ベクトル、三角関数と電気

交流回路の計算では、高校で勉強する三角関数やベクトルの計算が必要です。

第二種電気工事士試験の問題を解くために、これらについて多くの知識は必要ありませんが、交流回路の計算で「なぜベクトルや三角関数が必要になるのか」がわからないと、公式を使うことが難しくなります。

第4章では、この点をポイントとして解説します。

ベクトルと電気の計算

S 4-1

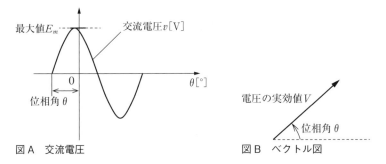

●交流とベクトル

図A　交流電圧

図B　ベクトル図

最大値E_m　交流電圧$v[\mathrm{V}]$

位相角θ

$\theta[°]$

0

電圧の実効値V

位相角θ

　図Aは交流電圧$v[\mathrm{V}]$を表しています。$E_m[\mathrm{V}]$を最大値、$\theta[°]$を位相角といいます（→ 41ページ）。

　図Bは図Aの交流電圧$v[\mathrm{V}]$をベクトル図で表したものです。交流電圧の実効値$V[\mathrm{V}]$をベクトルの大きさで、交流電圧の位相角θをベクトルの向きで表します。交流電圧$v[\mathrm{V}]$をベクトルで表すときには記号$\dot{V}$で表します。

　図Aは最大値が$E_m[\mathrm{V}]$の交流電圧、図Bは交流電圧の実効値をベクトルで表していますが、最大値と実効値には次のような関係があります。

$$実効値\ V[\mathrm{V}] = \frac{最大値}{\sqrt{2}} = \frac{E_m}{\sqrt{2}}\ [\mathrm{V}]$$

《記号による表し方》

◎交流電圧：$v[\mathrm{V}]$　→　実効値：$V[\mathrm{V}]$　→　ベクトル：$\dot{V}[\mathrm{V}]$

◎交流電流：$i[\mathrm{A}]$　→　実効値：$I[\mathrm{A}]$　→　ベクトル：$\dot{I}[\mathrm{A}]$

●R、L、C交流回路

(1) 抵抗 R の回路

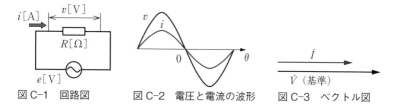

図C-1　回路図　　図C-2　電圧と電流の波形　　図C-3　ベクトル図

◎抵抗 $R[\Omega]$ に交流電圧 $v[V]$ を加えたとき、交流電流 $i[A]$ が流れている（図C-1）。

◎交流電圧 $v[V]$ と交流電流 $i[A]$ は同相（同位相）になる（図C-2）。

◎交流電圧 $v[V]$ を $\dot{V}$、交流電流 $i[A]$ を $\dot{i}$ で表したとき、電流 $\dot{i}$ と電圧 $\dot{V}$ は同相（同位相）なので、ベクトルの向きは同じで大きさは異なる（図C-3）。

(2) コイル L の回路

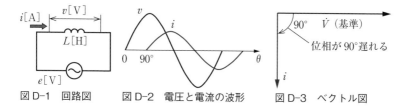

図D-1　回路図　　図D-2　電圧と電流の波形　　図D-3　ベクトル図

◎コイル $L[H]$ に交流電圧 $v[V]$ を加えたとき、交流電流 $i[A]$ が流れている（図D-1）。

◎交流電流 $i[A]$ は交流電圧 $v[V]$ より $90°$ だけ位相が遅れている（図D-2）。

◎ベクトルの向きは、電流 $\dot{i}$ が電圧 $\dot{V}$ より $90°$ だけ位相が遅れ、大きさは異なる（図D-3）。

(3) コンデンサ C の回路

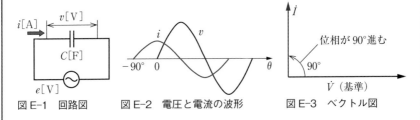

図 E-1　回路図　　　図 E-2　電圧と電流の波形　　　図 E-3　ベクトル図

◎コンデンサ C[F] に交流電圧 v[V] を加えたとき、交流電流 i[A] が流れている（図 E-1）。

◎交流電流 i[A] は交流電圧 v[V] より 90° だけ位相が進んでいる（図 E-2）。

◎ベクトルの向きは、電流 $\dot{I}$ が電圧 $\dot{V}$ より 90° だけ位相が進み、大きさは異なる（図 E-3）。

●交流とオームの法則

①抵抗 R[Ω]：導体に交流電流を流すと電流の流れを妨げるはたらきをする性質

②誘導性リアクタンス X_L[Ω]：コイル L[H] に交流電流を流したときに電流を妨げる性質

　　$X_L = 2\pi f L$[Ω]（f[Hz]：周波数、L[H]：コイルのインダクタンス）

③容量性リアクタンス X_C[Ω]：コンデンサ C[F] に交流電流を流したときに電流を妨げる性質

　　$X_C = \dfrac{1}{2\pi f C}$[Ω]（$f$[Hz]：周波数、$C$[F]：コンデンサの静電容量）

　交流回路では電圧や電流を実効値で表すと、オームの法則を使って計算をすることができます。

　　$V = R \times I$[V]（R[Ω]：抵抗、V[V]：電圧、I[A]：電流）

　　$V = X_L \times I$[V]（X_L[Ω]：コイルの誘導性リアクタンス）

　　$V = X_C \times I$[V]（X_C[Ω]：コンデンサの容量性リアクタンス）

例題 ❶ 200 mH のインダクタンスに周波数 50 Hz の交流電圧を加えたときの誘導性リアクタンス $X_L[\Omega]$ を求めなさい。ただし、$\pi = 3.14$ で計算すること。

解 答 ....

誘導性リアクタンスを求める公式 $X_L = 2\pi f L\,[\Omega]$ に $\pi = 3.14$、$f = 50\,\text{Hz}$、$L = 200\,\text{mH}$ を代入します。

> Check! 公式での L の単位は [H]。問題文では [mH] なので 10^{-3}（0.001）をかける

$$X_L = 2\pi f L = 2 \times 3.14 \times 50 \times 200 \times 10^{-3} = 2 \times 3.14 \times 10^4 \times 10^{-3}$$
$$= 2 \times 3.14 \times 10^{4+(-3)} = 2 \times 3.14 \times 10^1 = 62.8\,\Omega$$

指数のかけ算は、指数どうしの足し算に

例題 ❷ ある抵抗に 100 V の交流電圧を加えたときに 5 A の電流が流れた。このときの抵抗 $R[\Omega]$ を求めなさい。

解 答 ....

抵抗 $R[\Omega]$ は、

$$R = \frac{V}{I} = \frac{100}{5} = 20\,\Omega$$

例題 ❸ 100 Ω の誘導性リアクタンスに 5 V の交流電圧を加えたときの電流 $I[\text{A}]$ を求めなさい。

解 答 ....

電流 $I[\text{A}]$ は、オームの法則（→ 130 ページ）より、

$$I = \frac{V}{X_L} = \frac{5}{100} = 0.05 \text{ A}$$

例題 ④ 100 Ω の容量性リアクタンスに 5 mA の交流電流を流したときの電圧 [V] を求めなさい。

解 答

電圧 V[V] は、オームの法則より、

mA なので 10^{-3} をかける　　　　　　指数のかけ算は、指数どうしの足し算に

$$V = X_C I = 100 \times 5 \times 10^{-3} = 5 \times 100 \times 10^{-3} = 5 \times 10^2 \times 10^{-3} = 5 \times 10^{2+(-3)}$$
$$= 5 \times 10^{-1} = 0.5 \text{ V}$$

$$= \frac{1}{10} = 0.1$$

☞ ここを確認！　　**ベクトル**

試験対策を万全にするために、計算の仕方を復習しておこう

(1) 交流電圧や交流電流をベクトルで示すときは、記号 $\dot{V}$ や $\dot{I}$ のように表す

❶ 矢印の長さはベクトルの大きさを表す

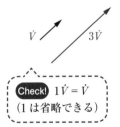

Check! $1\dot{V} = \dot{V}$
（1 は省略できる）

❷ 矢印の向きはベクトルの向きを表す

Check! 向きが逆で大きさが等しい＝逆ベクトル

（2） ベクトルの足し算では、ベクトル $\dot{V_1}$ とベクトル $\dot{V_2}$ を 2 辺とする平行四辺形の対角線が $\dot{V_1}+\dot{V_2}$ を表す

例：2 つのベクトルの足し算

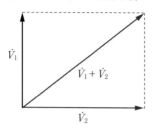

$\dot{V_1}+\dot{V_2}$ は $\dot{V_1}$ と $\dot{V_2}$ を 2 辺とする平行四辺形の対角線

例：逆向きのベクトルの足し算

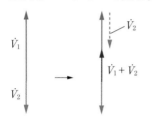

平行四辺形をつくって
求めることができないので、
$\dot{V_1}$ 進んでから $\dot{V_2}$ 戻る

例：3 つのベクトルの足し算

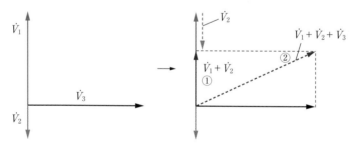

① $\dot{V_1}+\dot{V_2}$ を求める
②次に $\dot{V_3}$ を足す

(3) ベクトルの引き算は、足し算で表す

例：$\dot{V}_1 - \dot{V}_2 = \dot{V}_1 + (-\dot{V}_2)$

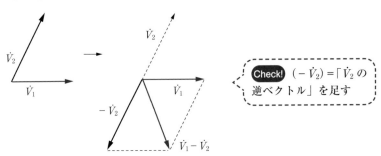

Check! $(-\dot{V}_2) = \lceil \dot{V}_2$ の逆ベクトル」を足す

例：$\dot{V}_2 - \dot{V}_1 = \dot{V}_2 + (-\dot{V}_1)$

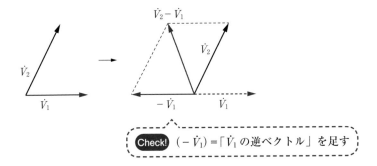

Check! $(-\dot{V}_1) = \lceil \dot{V}_1$ の逆ベクトル」を足す

練習問題……繰り返し解いて、実力を身につけよう

※ 2014 年度以前の問題の単位表記については変更しています。　　●解答は 148 ページ

問題❶ 図のような正弦波交流回路の電源電圧 v に対する電流 i の波形として、正しいものは。

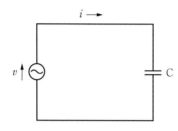

イ.

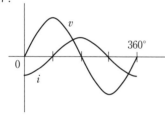

ロ.

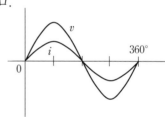

ハ.

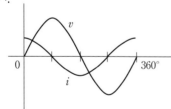

ニ.

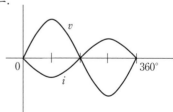

【2019 年度下期】

問題 ❷ 図のような正弦波交流回路の電源電圧 v に対する電流 i の波形として、正しいものは。

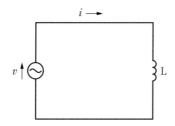

イ.

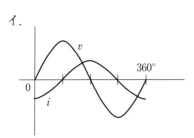

ロ.

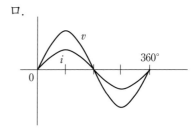

ハ.

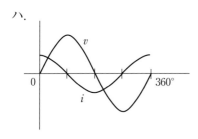

ニ.

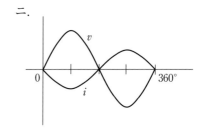

【2008 年度】

問題❸ あるコイルに周波数 50 Hz の交流電圧を加えたとき、20 Ω の誘導性リアクタンスがある。周波数 5 kHz のときの誘導性リアクタンス X_L[Ω] を求めなさい。

問題❹ コイルに 100 V、50 Hz の交流電圧を加えたら 6 A の電流が流れた。このコイルに 100 V、60 Hz の交流電圧を加えたときに流れる電流[A]は。
ただし、コイルの抵抗は無視できるものとする。

イ. 4　　　ロ. 5　　　ハ. 6　　　ニ. 7

【2015 年度下期/類似問題：2013 年度下期・2009 年度】
※類似問題は問題文は同じで、選択肢の数字のみが違っています。

Section 4-2 三角関数・三平方の定理と電気の計算

● *RLC* 直列回路

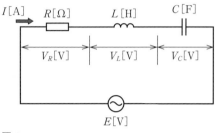

図 A

　図 A のような、抵抗 $R[\Omega]$、コイル $L[\mathrm{H}]$、コンデンサ $C[\mathrm{F}]$ が直列接続されている RLC 直列回路において、全電圧の大きさ V をベクトルによって求めます。

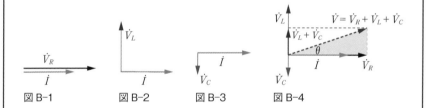

図 B-1　　　図 B-2　　　図 B-3　　　図 B-4

　$R[\Omega]$、$L[\mathrm{H}]$、$C[\mathrm{F}]$ に流れる電流は同じであるため、電流 $\dot{I}$ を基準にすると（→ 129 ページでは $\dot{V}$ が基準）、

　◎$\dot{V}_R$ と $\dot{I}$ は同相（同位相）（図 B-1）

　◎$\dot{V}_L$ は $\dot{I}$ より 90° 位相が進む（図 B-2）

　◎$\dot{V}_C$ は $\dot{I}$ より 90° 位相が遅れる（図 B-3）

となり、電圧 $\dot{V}[\mathrm{V}]$ は、ベクトル $\dot{V}_R$、$\dot{V}_L$、$\dot{V}_C$ の足し算になります。

　　電圧 $\dot{V} = \dot{V}_R + \dot{V}_L + \dot{V}_C$（図B-4）

電圧の大きさ V [V] は図Cのような直角三角形の斜辺の長さと考えることができるため、三平方の定理を用いて次のように計算できます。

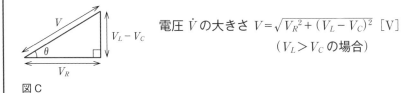

電圧 $\dot{V}$ の大きさ $V = \sqrt{V_R{}^2 + (V_L - V_C)^2}$ [V]
($V_L > V_C$ の場合)

図 C

● *RLC* 並列回路

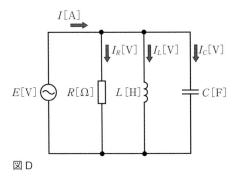

図 D

図Dのような、抵抗 R [Ω]、コイル L [H]、コンデンサ C [F] が並列接続されている *RLC* 並列回路において、全電流の大きさ I をベクトルによって求めます。

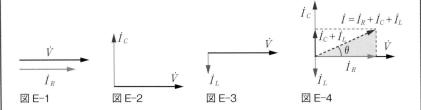

図 E-1   図 E-2   図 E-3   図 E-4

R [Ω]、L [H]、C [F] の電圧は同じであるため、電圧 $\dot{V}$ を基準にすると、

◎ $\dot{I}_R$ と $\dot{V}$ は同相（同位相）（図 E-1）

◎ $\dot{I}_C$ は $\dot{V}$ より 90° 位相が進む（図 E-2）

◎ $\dot{I}_L$ は $\dot{V}$ より 90° 位相が遅れる（図 E-3）

となり、電流 $\dot{I}$［A］は、ベクトル $\dot{I}_R$、$\dot{I}_C$、$\dot{I}_L$ の足し算になります。

電流 $\dot{I} = \dot{I}_R + \dot{I}_C + \dot{I}_L$（図 E-4）

電流の大きさ I［A］は図 F のような直角三角形の斜辺の長さと考えることができるため、三平方の定理を用いて次のように計算できます。

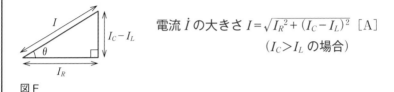

電流 $\dot{I}$ の大きさ $I = \sqrt{I_R{}^2 + (I_C - I_L)^2}$［A］

（$I_C > I_L$ の場合）

図 F

● *RLC* 直列回路のインピーダンス

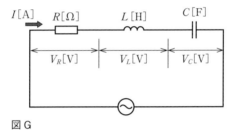

図 G

交流回路における電流の流れにくさをインピーダンスといいます。RLC 直列回路のインピーダンス Z［Ω］は、オームの法則 $Z = \dfrac{V}{I}$、あるいは次の式で求められます。

$$Z = \frac{V}{I} = \sqrt{R^2 + (X_L - X_C)^2}\ \text{［Ω］}$$

（X_L：コイルの誘導性リアクタンス、X_C：コンデンサの容量性リアクタンス）

この式は、RLC 直列回路の電圧 V［V］を求める式、

$$V = \sqrt{V_R{}^2 + (V_L - V_C)^2}\ \text{［V］}$$

に、$V_R = RI$ [V]、$V_L = X_L I$ [V]、$V_C = X_C I$ [V] を代入して求めることができます（→ 130 ページ）。

《RL 直列回路、RC 直列回路の場合》

図 G において、コンデンサ C [F] がない場合は（RL 直列回路）、容量性リアクタンス $X_C = 0$ とすれば、次のようにインピーダンス Z [Ω] を求めることができます。

$$Z = \sqrt{R^2 + (X_L - X_C)^2} = \sqrt{R^2 + (X_L - 0)^2} = \sqrt{R^2 + X_L^{\,2}} \ [\Omega]$$

また、コイル L [H] がない場合は（RC 直列回路）、誘導性リアクタンス $X_L = 0$ とすれば、次のようにインピーダンス Z [Ω] を求めることができます。

$$Z = \sqrt{R^2 + (X_L - X_C)^2} = \sqrt{R^2 + (0 - X_C)^2} = \sqrt{R^2 + X_C^{\,2}} \ [\Omega]$$

例題❶　図のような交流回路において、$V_R = 30$ V、$V_L = 70$ V、$V_C = 30$ V のとき、全電圧 V [V] を求めなさい。

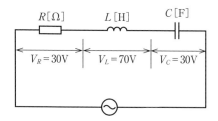

解答

全電圧を求める式 $V = \sqrt{V_R^{\,2} + (V_L - V_C)^2}$ に各値を代入します。

$$V = \sqrt{V_R^{\,2} + (V_L - V_C)^2} = \sqrt{30^2 + (70 - 30)^2} = \sqrt{30^2 + 40^2} = \sqrt{900 + 1600}$$
$$= \sqrt{2500} = \sqrt{50^2} = 50 \text{ V}$$

例題 ❷ 図のような交流回路において、$I_R = 15\,\text{A}$、$I_L = 5\,\text{A}$、$I_C = 25\,\text{A}$ の とき、全電流 $I[\text{A}]$ を求めなさい。

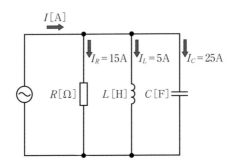

解 答

全電流を求める式 $I = \sqrt{I_R{}^2 + (I_C - I_L)^2}$ に各値を代入します。

$$I = \sqrt{I_R{}^2 + (I_C - I_L)^2} = \sqrt{15^2 + (25 - 5)^2}$$
$$= \sqrt{15^2 + 20^2} = \sqrt{225 + 400} = \sqrt{625}$$
$$= \sqrt{25^2} = 25\,\text{A}$$

例題 ❸ 図のような交流回路において、$12\,\Omega$ の抵抗と $50\,\Omega$ の誘導性リア クタンス、$34\,\Omega$ の容量性リアクタンスを直列に接続したときの インピーダンス $Z[\Omega]$ を求めなさい。

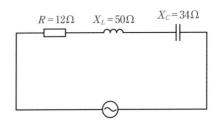

解 答

インピーダンスを求める式 $Z = \sqrt{R^2 + (X_L - X_C)^2}$ に各値を代入します。

$Z = \sqrt{R^2 + (X_L - X_C)^2} = \sqrt{12^2 + (50 - 34)^2} = \sqrt{12^2 + 16^2} = \sqrt{144 + 256}$
$= \sqrt{400} = \sqrt{20^2} = 20\ \Omega$

☞ **ここを確認！**　　**三角関数・三平方の定理**

試験対策を万全にするために、計算の仕方を復習しておこう

---

(1) 直角三角形ABCにおいて、直角をはさむ2辺の長さをa、b、斜辺の長さをcとするとき、$a^2 + b^2 = c^2$の関係が成り立つ（三平方の定理）

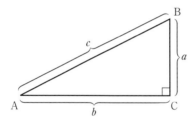

$a^2 + b^2 = c^2$

> **Check!** 直角三角形の2辺の長さがわかると、三平方の定理より残りの辺の長さを求めることができる

例：図のような直角三角形ABCにおいて、ACの長さを次のように求めることができる。

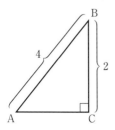

三平方の定理より、$BC^2 + AC^2 = AB^2$
$BC = 2$、$AB = 4$なので、$2^2 + AC^2 = 4^2$より、
$AC^2 = 4^2 - 2^2 = 16 - 4 = 12$
よって、$AC = \pm\sqrt{12}$

AC＞0 なので（AC は長さを表すので正の値）、

$$AC = \sqrt{12} = \sqrt{3 \times 4} = \sqrt{3} \times \sqrt{4} = \sqrt{3} \times \sqrt{2^2} = \sqrt{3} \times 2 = 2\sqrt{3}$$

根号の外に出せる部分は出して、根号の中を簡単にする

(2) 特別な直角三角形の3辺の比は覚えておく

①角の大きさが 30°、60° のときの直角三角形の三角比

BC：AC：AB＝$1:\sqrt{3}:2$

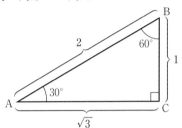

②直角二等辺三角形の三角比

BC：AC：AB＝$1:1:\sqrt{2}$

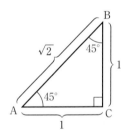

③三角形 ABC の3辺の比が 3：4：5 になれば、三角形 ABC は直角三角形になる

BC：AC：AB＝3：4：5

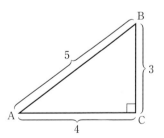

(3) 特別な直角三角形の三角比は覚えておく

《直角三角形の三角比》

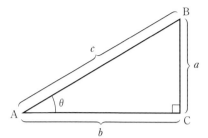

$$\sin \theta = \frac{辺\ BC\ の長さ}{辺\ AB\ の長さ} = \frac{a}{c}$$

$$\cos \theta = \frac{辺\ AC\ の長さ}{辺\ AB\ の長さ} = \frac{b}{c}$$

$$\tan \theta = \frac{辺\ BC\ の長さ}{辺\ AC\ の長さ} = \frac{a}{b}$$

① 90°、60°、30° の直角三角形で、角 A = 30° のとき

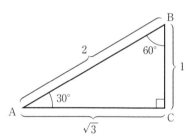

$$\sin 30° = \frac{1}{2}$$

$$\cos 30° = \frac{\sqrt{3}}{2}$$

$$\tan 30° = \frac{1}{\sqrt{3}} \quad \left(\frac{\sqrt{3}}{3} \begin{array}{l} →次ページ \\ の表 \end{array} \right)$$

② 90°、60°、30° の直角三角形で、角 A = 60° のとき

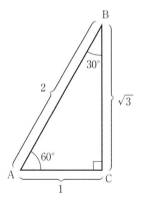

$$\sin 60° = \frac{\sqrt{3}}{2}$$

$$\cos 60° = \frac{1}{2}$$

$$\tan 60° = \frac{\sqrt{3}}{1} = \sqrt{3}$$

③ 90°、45°、45° の直角三角形のとき

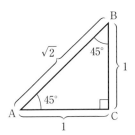

$$\sin 45° = \frac{1}{\sqrt{2}} \quad \left(\frac{\sqrt{2}}{2} \rightarrow 下の表 \right)$$

$$\cos 45° = \frac{1}{\sqrt{2}} \quad \left(\frac{\sqrt{2}}{2} \rightarrow 下の表 \right)$$

$$\tan 45° = \frac{1}{1} = 1$$

　角 A の大きさ θ が 30°、60°、45° のときの sin θ、cos θ、tan θ の値を
まとめると次のようになります。

●特別な直角三角形の三角比

角の大きさ θ	30°	45°	60°
$\sin \theta$	$\frac{1}{2}$	$\frac{1}{\sqrt{2}} \left(\frac{\sqrt{2}}{2} \right)^{※1}$	$\frac{\sqrt{3}}{2}$
$\cos \theta$	$\frac{\sqrt{3}}{2}$	$\frac{1}{\sqrt{2}} \left(\frac{\sqrt{2}}{2} \right)^{※1}$	$\frac{1}{2}$
$\tan \theta$	$\frac{1}{\sqrt{3}} \left(\frac{\sqrt{3}}{3} \right)^{※2}$	1	$\sqrt{3}$

※1　$\frac{1}{\sqrt{2}} = \frac{1}{\sqrt{2}} \times \frac{\sqrt{2}}{2} = \frac{\sqrt{2}}{2}$　（有理化→ 43 ページ）

※2　$\frac{1}{\sqrt{3}} = \frac{1}{\sqrt{3}} \times \frac{\sqrt{3}}{3} = \frac{\sqrt{3}}{3}$

※ 2014 年度以前の問題の単位表記については変更しています。　　●解答は 151 ページ

問題❶　図のような交流回路において、抵抗 8 Ω の両端の電圧 $V[\mathrm{V}]$ は。

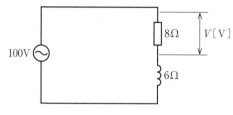

イ．43　　ロ．57　　ハ．60　　ニ．80

【2019 年度上期・2017 年度下期・2012 年度下期】

問題❷　図のような交流回路において、抵抗 12 Ω の両端の電圧 $V[\mathrm{V}]$ は。

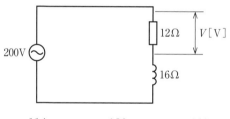

イ．86　　ロ．114　　ハ．120　　ニ．160

【2018 年度下期】

第4章　ベクトル、三角関数と電気

4-1 ベクトルと電気の計算 (問題は 135 ページ)

問題❶ 解答：ハ

コンデンサ C の回路では、交流電流 $i[\mathrm{A}]$ は交流電圧 $v[\mathrm{V}]$ より位相が $90°$ 進みます（→ 130 ページ）。

よって、その波形を示しているハが正解です。

問題❷ 解答：イ

コイル L の回路では、交流電流 $i[\mathrm{A}]$ は交流電圧 $v[\mathrm{V}]$ より位相が $90°$ 遅れます（→ 129 ページ）。

よって、その波形を示しているイが正解です。

問題❸ 解答：2000 Ω

コイルのインダクタンス $L[\mathrm{H}]$ は、周波数 $f[\mathrm{Hz}]$ が変化しても変わりません。周波数 $50\,\mathrm{Hz}$ のときの誘導性リアクタンスが $20\,\Omega$ であることから、インダクタンス $L[\mathrm{H}]$ は、公式 $X_L = 2\pi f L[\Omega]$（→ 130 ページ）より、

$$L = \frac{X_L}{2\pi f} = \frac{20}{2\pi \times 50} = \frac{1}{5\pi}\,\mathrm{H}$$

次に、周波数 $5\,\mathrm{kHz}$ のときの誘導性リアクタンス $X_L[\Omega]$ を求めます。コイルのインダクタンス $L[\mathrm{H}]$ は $\dfrac{1}{5\pi}\,\mathrm{H}$ なので、公式より、

$$X_L = 2\pi f L = 2\pi \times 5 \boxed{\times 10^3} \times \frac{1}{5\pi} = \frac{2\pi \times 5 \times 10^3}{5\pi} = 2000\,\Omega$$

[kHz] なので 10^3 をかける

電圧 100 V、電流 6 A のときの誘導性リアクタンス $X_L[\Omega]$ は、オームの法則 (→ 130 ページ) より、

$$X_L = \frac{V}{I} = \frac{100}{6}\,\Omega$$

次に、コイルのインダクタンス $L[H]$ を求めます。公式 $X_L = 2\pi f L[\Omega]$ より、

$$L = \frac{X_L}{2\pi f} = \frac{\dfrac{100}{6}}{2\pi \times 50} = \frac{\dfrac{100}{6}}{100\pi} = \frac{\dfrac{100}{6}\times 6}{100\pi\times 6} = \frac{100}{100\pi \times 6} = \frac{1}{6\pi}\,[H]$$

分子を分数でなくすため、分母と分子に 6 をかける

コイルのインダクタンス $L[H]$ は、周波数 $f[Hz]$ が変化しても変わりません。周波数 60 Hz のときの誘導性リアクタンス $X_L[\Omega]$ は、公式より、

$$X_L = 2\pi f L = 2\pi \times 60 \times \frac{1}{6\pi} = \frac{2\pi \times 60}{6\pi} = 20\,\Omega$$

Check! 周波数 $f[Hz]$ が変化しても $L[H]$ は変わらない

最後に、電流 $I[A]$ を求めます。オームの法則より、

$$I = \frac{V}{X_L} = \frac{100}{20} = 5\,A$$

よって、正解はロです。

《**別解**》 公式を導き出します。

インダクタンス $L[H]$ のコイルに周波数 $f_1[Hz]$ の交流電圧 $V_1[V]$ を加えたときの電流を $I_1[A]$、誘導性リアクタンスを $X_{L1}[\Omega]$ とし、同じく周波数 $f_2[Hz]$ の交流電圧 $V_2[V]$ を加えたときの電流を $I_2[A]$、誘導性リアクタンスを $X_{L2}[\Omega]$ とします。

このとき、電流 $I_1[A]$、$I_2[A]$ はオームの法則から、次のように計算できます。

第**4**章 ベクトル、三角関数と電気

$$I_1 = \frac{V_1}{X_{L1}} = \frac{V_1}{2\pi f_1 L} \qquad I_2 = \frac{V_2}{X_{L2}} = \frac{V_2}{2\pi f_2 L}$$

ここで、電流 I_1 と I_2 の比の値を計算します。

$$\frac{I_2}{I_1} = \frac{\dfrac{V_2}{2\pi f_2 L}}{\dfrac{V_1}{2\pi f_1 L}} = \frac{\dfrac{V_2}{2\pi f_2 L} \boxed{\times 2\pi L}}{\dfrac{V_1}{2\pi f_1 L} \boxed{\times 2\pi L}} = \frac{\dfrac{V_2}{f_2}}{\dfrac{V_1}{f_1}}$$

式を簡単にするために、分母と分子に共通する $2\pi L$ をかける

ここで、$I_1 \times \dfrac{V_2}{f_2} = I_2 \times \dfrac{V_1}{f_1}$ より、

Check! $\dfrac{b}{a} = \dfrac{d}{c}$ のとき、$ad = bc$

$$I_2 = I_1 \times \frac{V_2}{f_2} \boxed{\times \frac{f_1}{V_1}} = I_1 \times \frac{V_2}{V_1} \times \frac{f_1}{f_2}$$

$\dfrac{V_1}{f_1}$ で割る＝逆数 $\dfrac{f_1}{V_1}$ をかける

ここで、$V_1 = V_2$ のときには、電流 I_2[A]は次のようになります。

$$I_2 = I_1 \times \boxed{\frac{V_2}{V_1}} \times \frac{f_1}{f_2} = I_1 \times \boxed{\frac{V_1}{V_1}} \times \frac{f_1}{f_2} = I_1 \times \frac{f_1}{f_2} \cdots\cdots (\text{式}1)$$

$V_1 = V_2$ のとき、分母と分子を約分して1

この式に $I_1 = 6$ A、$f_1 = 50$ Hz、$f_2 = 60$ Hz を代入して電流 I_2[A] 求めます。

$$I_2 = I_1 \times \frac{f_1}{f_2} = 6 \times \frac{50}{60} = 5 \text{ A}$$

　第二種電気工事士の試験では、本問のような問題が出題されています。そのため、（式1）を公式として覚えておくと簡単に計算ができます。

　ただし、この公式では電圧 V_1[V]と V_2[V]が同じ値であることに注意してください。

$$I_2 = I_1 \times \frac{f_1}{f_2} \text{ [A]}$$

Check! （式1）で、V_1[V]＝V_2[V]のとき成立する

問題 ❶　解答：ニ

図の回路（RL直列回路）のインピーダンス $Z[\Omega]$ を求めます。

$$Z=\sqrt{R^2+X_L{}^2}=\sqrt{8^2+6^2}=\sqrt{64+36}=\sqrt{100}=\sqrt{10^2}=10\,\Omega$$

> **Check!** RLC 直列回路では、$Z=\sqrt{R^2+(X_L-X_C)^2}$ だが、図の回路にはコンデンサがないため $X_C=0$ とする

次に、この回路に流れる電流 $I[A]$ を求めます。電圧 $V=100\,V$、インピーダンス $Z=10\,\Omega$ なので、オームの法則（→ 140ページ）より、

$$I=\frac{V}{Z}=\frac{100}{10}=10\,A$$

最後に、抵抗 $8\,\Omega$ の両端の電圧 $V[V]$ を求めます。抵抗 $8\,\Omega$ に流れる電流 $I[A]$ は 10 A なので、

$$V=RI=8\times10=80\,V$$

よって、正解はニです。

問題 ❷　解答：ハ

図の回路（RL直列回路）のインピーダンス $Z[\Omega]$ を求めます。

$$Z=\sqrt{R^2+X_L{}^2}=\sqrt{12^2+16^2}=\sqrt{144+256}=\sqrt{400}=\sqrt{20^2}=20\,\Omega$$

> **Check!** RLC 直列回路では、$Z=\sqrt{R^2+(X_L-X_C)^2}$ だが、図の回路にはコンデンサがないため $X_C=0$ とする

次に、この回路に流れる電流 $I[A]$ を求めます。電圧 $V=200\,V$、インピーダンス $Z=20\,\Omega$ なので、オームの法則より、

$$I=\frac{V}{Z}=\frac{200}{20}=10\,A$$

最後に、抵抗 12 Ω の両端の電圧 $V[\text{V}]$ を求めます。抵抗 12 Ω に流れる電流 $I[\text{A}]$ は 10 A なので、

　　$V = RI = 12 \times 10 = 120 \text{ V}$

　よって、正解はハです。

交流回路と電気の計算

第1章から第4章までの内容を理解できれば、第二種電気工事士試験で使う算数や数学の基本をマスターしたことになります。

第5章では、試験に出題される有効電力や三相交流のY結線・Δ結線について取り上げ、これまで説明した算数や数学を使いながら説明していきます。

※第1章から第4章では「ここを確認！」として算数や数学の基礎知識をまとめましたが、第5章ではよく使う公式の意味について解説しています。

単相交流回路の電力

●有効電力

抵抗で消費される電力を有効電力 P[W] といい、次の式で表します。

$$P = VI \cos \theta \,[\text{W}] \quad (\cos \theta：力率、\theta：V と I の位相差)$$

直流回路の電力については 33 ページで説明しましたが、交流回路では電圧 V[V] と電流 I[A] の位相差があるため（→ 129 ページ）、求める式が異なります。

RL 直列回路（図 A）、RL 並列回路（図 B）では、次のようになります。

$$P = VI \cos \theta = V_R I \,[\text{W}] \quad (RL \text{ 直列回路})$$

$$P = VI \cos \theta = V I_R \,[\text{W}] \quad (RL \text{ 並列回路})$$

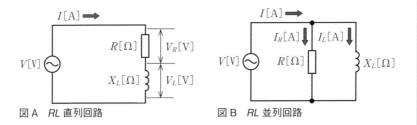

図 A　RL 直列回路　　　　　図 B　RL 並列回路

●力率

電力 $P = VI \cos \theta$[W] の $\cos \theta$ を力率といいます。回路の合成インピーダンスを Z[Ω] とすると（→ 140 ページ）、RL 直列回路、RL 並列回路の力率 $\cos \theta$ は、次のように表すことができます。

$$\cos \theta = \frac{V_R}{V} = \frac{R}{Z} \quad (RL \text{ 直列回路})$$

$$\cos \theta = \frac{I_R}{I} \quad (RL \text{ 並列回路})$$

例題 ❶ ある抵抗に交流電圧 100 V を加えたとき、電流 2 A が流れた。このときの消費電力（有効電力）を求めなさい。

解 答 ....

抵抗 R に関しては、電圧 V[V]と電流 I[A]の位相差は 0° であるため（同相（同位相）→ 129 ページ・(1)）、力率 $\cos 0° = 1$ となります。よって、消費電力 P[W]は、公式より、

$$P = VI\cos\theta = 100 \times 2 \times \cos 0° = 100 \times 2 \times 1 = 200 \text{ W}$$

力率 $= \cos\theta$ です。問題文の中で $\cos\theta$ の値が示される場合もありますが、試験対策として下記の $\sin\theta$、$\cos\theta$ の値は覚えておきましょう（一部 146 ページの表と重複）。

●主な $\sin\theta$、$\cos\theta$ の値

角の大きさ θ	0	30°	45°	60°	90°
$\sin\theta$	0	$\dfrac{1}{2}$	$\dfrac{1}{\sqrt{2}}\left(\dfrac{\sqrt{2}}{2}\right)$	$\dfrac{\sqrt{3}}{2}$	1
$\cos\theta$	1	$\dfrac{\sqrt{3}}{2}$	$\dfrac{1}{\sqrt{2}}\left(\dfrac{\sqrt{2}}{2}\right)$	$\dfrac{1}{2}$	0

例題 ❷ 力率が 0.8 である負荷に交流電圧 100 V を加えたとき、電流 5 A が流れた。このときの消費電力 P[W]を求めなさい。

解 答 ....

消費電力 P[W]は、公式より、

$$P = VI\cos\theta = 100 \times 5 \times 0.8 = 400 \text{ W}$$

消費電力が 4 kW の負荷に流れる電流が 100 A、力率が 0.8 であった。このときの電圧を求めなさい。

解 答

電圧 $V[\mathrm{V}]$ は、公式 $P = VI\cos\theta[\mathrm{W}]$ より、

Pの単位は$[\mathrm{W}]$。$4\,\mathrm{kW} = 4\times1000\,\mathrm{W}$

$$V = \frac{P}{I\times\cos\theta} = \frac{4\times10^3}{100\times0.8} = 50\ \mathrm{V}$$

例題 ❹ 600 W 消費する負荷に 200 V の電圧を加えると 5 A の電流が流れた。この負荷の力率を求めなさい。

解 答

力率 $\cos\theta$ は、公式 $P = VI\cos\theta[\mathrm{W}]$ より、

$$\cos\theta = \frac{P}{V\times I} = \frac{600}{200\times5} = 0.6$$

☞ ここを確認！　**有効電力・力率**

試験対策を万全にするために、公式の意味を確認しておこう

(1) 有効電力 $P[\mathrm{W}]$

　抵抗 $R[\Omega]$ とコイル $L[\mathrm{H}]$ の回路では、電力 $P[\mathrm{W}]$ は抵抗 $R[\Omega]$ では消費されますが、コイル $L[\mathrm{H}]$ では消費されません。そのため、RL 直列回路、RL 並列回路の有効電力 $P[\mathrm{W}]$ は、次のように計算できます。

$$P = V_R I \text{[W]} \quad (RL \text{ 直列回路}) \cdots\cdots (式1)$$

$$P = V I_R \text{[W]} \quad (RL \text{ 並列回路}) \cdots\cdots (式2)$$

Check! コイル L[H] では電力は消費されないので、この式が成立する

(2) 力率 cos θ

RL 直列回路の力率 $\cos \theta$ は、公式 $P = VI \cos \theta$[W] より、

上の（式1）より

$$\cos \theta = \frac{P}{V \times I} = \frac{V_R \times I}{V \times I} = \frac{V_R}{V}$$

ここで、抵抗 R[Ω] と誘導性リアクタンス X_L[Ω] の合成インピーダンスを Z[Ω] とすると、

$$\frac{V_R}{V} = \frac{R \times I}{Z \times I} = \frac{R}{Z}$$ オームの法則（→130ページ、140ページ）より

となるため、力率 $\cos \theta$ は次のように表すことができます。

$$\cos \theta = \frac{V_R}{V} = \frac{R}{Z}$$

また、RL 並列回路の力率 $\cos \theta$ は、公式 $P = VI \cos \theta$[W] より、

上の（式2）より

$$\cos \theta = \frac{P}{V \times I} = \frac{V \times I_R}{V \times I} = \frac{I_R}{I}$$

※2014年度以前の問題の単位表記については変更しています。　　●解答は172ページ

問題❶　単相200Vの回路に、消費電力2.0kW、力率80%の負荷を接続した場合、回路に流れる電流[A]は。

　　イ. 7.2　　　ロ. 8.0　　　ハ. 10.0　　　ニ. 12.5

【2014年度下期】

問題❷　図のような交流回路で、電源電圧204V、抵抗の両端の電圧が180V、リアクタンスの両端の電圧が96Vであるとき、負荷の力率［%］は。

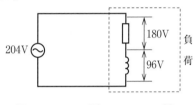

　　イ. 35　　　ロ. 47　　　ハ. 65　　　ニ. 88

【2017年度上期】

問題❸　図のような交流回路で、電源電圧102V、抵抗の両端の電圧が90V、リアクタンスの両端の電圧が48Vであるとき、負荷の力率［%］は。

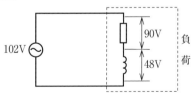

　　イ. 47　　　ロ. 69　　　ハ. 88　　　ニ. 96

【2016年度下期・2014年度上期】

問題❹ 図のような交流回路の力率［%］を示す式は。

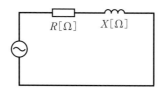

イ. $\dfrac{100R}{\sqrt{R^2+X^2}}$　　ロ. $\dfrac{100RX}{R^2+X^2}$　　ハ. $\dfrac{100R}{R+X}$　　ニ. $\dfrac{100X}{\sqrt{R^2+X^2}}$

【2011 年度上期】

問題❺ 図のような回路で、電源電圧が 24 V、抵抗 $R＝4\,\Omega$ に流れる電流が 6 A、リアクタンス $X_L＝3\,\Omega$ に流れる電流が 8 A であるとき、回路の力率［%］は。

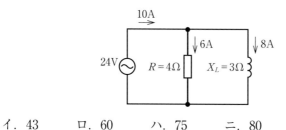

イ. 43　　ロ. 60　　ハ. 75　　ニ. 80

【2015 年度上期】

問題❻ 図のような回路で、抵抗 R に流れる電流が 4 A、リアクタンス X に流れる電流が 3 A であるとき、この回路の消費電力[W]は。

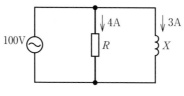

イ. 300　　ロ. 400　　ハ. 500　　ニ. 700

【2012 年度上期】

三相交流回路（Y結線・Δ結線）

三相交流の負荷を結線する方法には、Y結線（星形結線）とΔ結線（三角結線）があります。

三相交流回路では、各相1相の電圧を相電圧、ここに流れる電流を相電流といいます。また、負荷と電源を結ぶ電線間の電圧を線間電圧、電線の電流を線電流といいます。

● Y結線

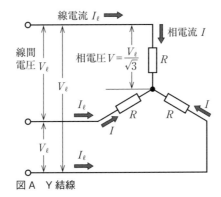

図A　Y結線

相電圧 $V = \dfrac{線間電圧}{\sqrt{3}} = \dfrac{V_\ell}{\sqrt{3}}$ $[\mathrm{V}]$

線間電圧 $V_\ell = \sqrt{3} \times 相電圧 = \sqrt{3}\,V$ $[\mathrm{V}]$

線電流 $I_\ell = 相電流\ I$ $[\mathrm{A}]$

電力 $P = 3 \times (相電流\ I)^2 \times 抵抗\ R = 3I^2R$ $[\mathrm{W}]$

● Δ 結線

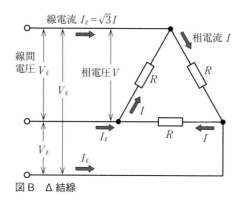

図B　Δ 結線

線間電圧 V_ℓ ＝相電圧 V [V]

線電流 $I_\ell = \sqrt{3} \times$ 相電流 $= \sqrt{3}I$ [A]

相電流 $I = \dfrac{線電流}{\sqrt{3}} = \dfrac{I_\ell}{\sqrt{3}}$ [A]

電力 $P = 3 \times ($相電流 $I)^2 \times$ 抵抗 $R = 3I^2R$ [W]

例題❶ 図A (→ 160 ページ) のような Y 結線において、線間電圧の大きさが 300 V のとき、相電圧の大きさを求めなさい。ただし、$\sqrt{3} =$ 1.73 で計算すること。

解答

相電圧 V [V] は、線間電圧を V_ℓ [V] とすると、公式より、

$$V = \frac{V_\ell}{\sqrt{3}} = \frac{300}{\sqrt{3}} = \frac{300 \times \sqrt{3}}{\sqrt{3} \times \sqrt{3}} = \frac{300 \times \sqrt{3}}{3} = 100 \times 1.73 = 173 \text{ V}$$

└─── 分母を有理化するため、分母と分子に $\sqrt{3}$ をかける

例題 ② 図 A のような Y 結線において、相電圧の大きさが 115 V のとき、線間電圧の大きさを求めなさい。ただし、$\sqrt{3}=1.73$ で計算すること。

解 答

線間電圧 $V_\ell\,[\mathrm{V}]$ は、相電圧を $V\,[\mathrm{V}]$ とすると、公式より、
$V_\ell=\sqrt{3}\,V=\sqrt{3}\times115=1.73\times115=198.95\ \mathrm{V}$

例題 ③ 図 A のような Y 結線において、線電流の大きさが 10 A のとき、相電流の大きさを求めなさい。

解 答

Y 結線では、線電流 $I_\ell\,[\mathrm{A}]=$ 相電流 $I\,[\mathrm{A}]$。よって、
$I=I_\ell=10\ \mathrm{A}$

例題 ④ 図 B（→ 161 ページ）のような △ 結線において、線間電圧の大きさが 200 V のとき、相電圧の大きさを求めなさい。

解 答

△ 結線では、線間電圧 $V_\ell\,[\mathrm{A}]=$ 相電圧 $V\,[\mathrm{V}]$。よって、
$V=V_\ell=200\ \mathrm{V}$

例題 ⑤ 図 B のような △ 結線において、相電流の大きさが 10 A のとき、線電流の大きさを求めなさい。ただし、$\sqrt{3}=1.73$ で計算すること。

解 答

線電流 $I_\ell\,[\mathrm{A}]$ は、相電流を $I\,[\mathrm{A}]$ とすると、公式より、

$$I_\ell = \sqrt{3} I = \sqrt{3} \times 10 = 1.73 \times 10 = 17.3 \text{ A}$$

例題 ❻ 図 B のような Δ 結線において、線電流の大きさが 30 A のとき、相電流の大きさを求めなさい。ただし、$\sqrt{3} = 1.73$ で計算すること。

解答

相電流 I [A] は、線電流を I_ℓ [A] とすると、公式より、

$$I = \frac{I_\ell}{\sqrt{3}} = \frac{30}{\sqrt{3}} = \frac{30 \times \sqrt{3}}{\sqrt{3} \times \sqrt{3}} = \frac{30 \times \sqrt{3}}{3} = 10 \times 1.73 = 17.3 \text{ A}$$

分母を有理化するため、分母と分子に $\sqrt{3}$ をかける

☞ **ここを確認！** 　**三相交流回路と三角関数**

試験対策を万全にするために、公式の意味を確認しておこう

◎線間電圧 $V_\ell = \sqrt{3} \times$ 相電圧 V の意味

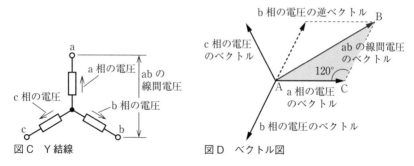

図 C　Y 結線　　　　　　図 D　ベクトル図

　図 C は Y 結線、図 D はそれをベクトルで表した図です。この図から、
　　　線間電圧 $V_\ell = \sqrt{3} \times$ 相電圧 V
の意味を考えてみます。

図 D における ab の線間電圧のベクトルは、a 相、b 相、c 相の各電圧の向きが異なるため、

　　ab の線間電圧のベクトル

　　　＝（a 相の電圧のベクトル）－（b 相の電圧のベクトル）

　　　　　　　　　　　　　　└┄┄┄ －（マイナス）であることに注意

となります。「b 相の電圧のベクトルを引く」ということは、「b 相の電圧の逆ベクトルを足す」ということなので（→ 134 ページ）、ab の線間電圧のベクトルは図 D の色付きの線のようになります。

　ここで、ab の線間電圧の大きさを求めます。そのために、図 E のような三角形 ABC（図 D のアミ部分）を考え、AC ＝ BC ＝ 1 とします（Y 結線の各相は同じ大きさ）。この図の AB を求めれば、ab の線間電圧の大きさを求めたことになります。

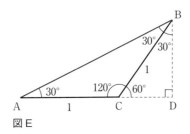

図 E

AB を求めるために、まず直角三角形 BCD を考え、BD を求めます。

$\sin 60° = \dfrac{BD}{BC}$ （→ 145 ページ）より、

　$BD = BC \sin 60°$

$BC = 1$、$\sin 60° = \dfrac{\sqrt{3}}{2}$ ◁┄┄ Check! 特別な直角三角形の三角比
（→ 146 ページ）

をこの式に代入して、

　$BD = BC \sin 60° = 1 \times \dfrac{\sqrt{3}}{2} = \dfrac{\sqrt{3}}{2}$

次に、直角三角形 ABD において、AB 求めます。

$$\sin 30° = \frac{BD}{AB}$$ より、

$$AB = \frac{BD}{\sin 30°}$$

$$BD = \frac{\sqrt{3}}{2}、\sin 30° = \frac{1}{2}$$

> **Check!** 特別な直角三角形の三角比
> （→ 146 ページ）

をこの式に代入して、

$$AB = \frac{BD}{\sin 30°} = \frac{\frac{\sqrt{3}}{2}}{\frac{1}{2}} = \frac{\frac{\sqrt{3}}{2} \times 2}{\frac{1}{2} \times 2} = \frac{\sqrt{3}}{1} = \sqrt{3}$$

分数でなくすため、分母と分子に 2 をかける

以上より、AB は $\sqrt{3}$ となります。AB は図 D において ab の線間電圧を表しているので、

線間電圧 $V_\ell = \sqrt{3} \times$ 相電圧 V

> **Check!** 相電圧の大きさの $\sqrt{3}$ 倍が
> 線間電圧の大きさ

となることがわかります。

※2014年度以前の問題の単位表記については変更しています。　　　　●解答は174ページ

問題❶　図のような三相3線式回路に流れる電流 I[A]は。

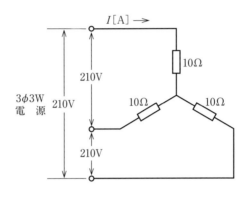

イ．8.3　　ロ．12.1　　ハ．14.3　　ニ．20.0

【2019年度下期】

問題❷　図のような三相3線式回路に流れる電流 I[A]は。

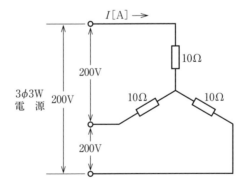

イ．8.3　　ロ．11.6　　ハ．14.3　　ニ．20.0

【2015年度下期】

問題❸　図のような三相3線式回路に流れる電流 I[A]は。

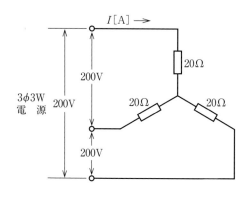

　イ．5.0　　ロ．5.8　　ハ．8.7　　ニ．10.0

【2012 年度下期】

問題❹　図のような三相負荷に三相交流電圧を加えたとき、各線に 20 A の電流が流れた。線間電圧 E[V]は。

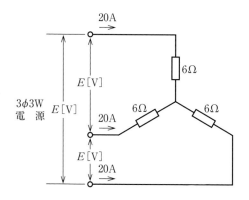

　イ．120　　ロ．173　　ハ．208　　ニ．240

【2018 年度上期・2014 年度下期】

※ 2014 年度下期の問題では、図中の E に単位はついていません。

問題❺ 図のような三相負荷に三相交流電圧を加えたとき、各線に 15 A の電流が流れた。線間電圧 E[V] は。

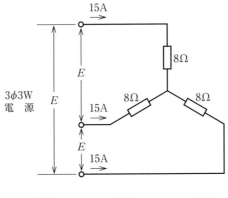

イ．120 ロ．169 ハ．208 ニ．240

【2011 年度下期】

問題❻ 図のような三相 3 線式回路に流れる電流 I[A] は。

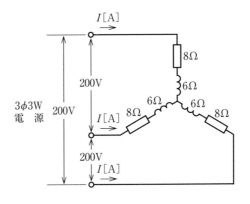

イ．8.3 ロ．11.6 ハ．14.3 ニ．20.0

【2018 年度下期】

問題❼ 図のような三相3線式200Vの回路で、c–o間の抵抗が断線した。断線前と断線後のa–o間の電圧 V の値[V]の組合せとして、正しいものは。

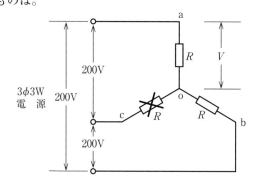

イ. 断線前116　　ロ. 断線前116　　ハ. 断線前100　　ニ. 断線前100
　　断線後100　　　　断線後116　　　　断線後116　　　　断線後100

【2017年度上期・2013年度上期】

問題❽ 図のような電源電圧 E[V]の三相3線式回路で、図中の×印点で断線した場合、断線後のa–c間の抵抗 R[Ω]に流れる電流 I[A]を示す式は。

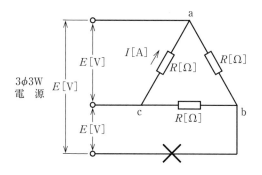

イ. $\dfrac{E}{2R}$　　　ロ. $\dfrac{E}{\sqrt{3}R}$　　　ハ. $\dfrac{E}{R}$　　　ニ. $\dfrac{3E}{2R}$

【2015年度上期】

問題 ⑨ 図のような電源電圧 E[V] の三相3線式回路で、×印点で断線すると、断線後の a–b 間の抵抗 R[Ω] に流れる電流 I[A] は。

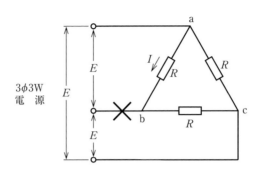

イ. $\dfrac{E}{2R}$　　ロ. $\dfrac{E}{\sqrt{3}R}$　　ハ. $\dfrac{E}{R}$　　ニ. $\dfrac{3E}{2R}$

【2011 年度上期】

問題 ⑩ 図のような三相3線式回路の全消費電力[kW] は。

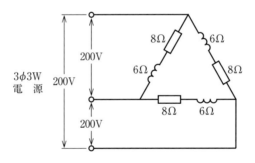

イ. 2.4　　ロ. 4.8　　ハ. 9.6　　ニ. 19.2

【2019 年度上期・2013 年度下期・2010 年度】

図のような三相3線式回路の全消費電力[kW]は。

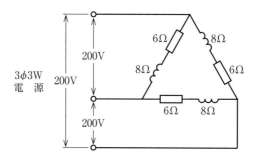

イ．2.4　　ロ．4.8　　ハ．7.2　　ニ．9.6

【2017 年度下期・2014 年度上期】

5-1 単相交流回路の電力（問題は 158 ページ）

問題❶ 解答：二

力率 80 % を小数で表すと 0.8 になります。

電流 I[A]は、公式 $P = VI\cos\theta$（→ 154 ページ）より、

┌───── Pの単位は[W]。2.0 kW = 2×1000 W

$$I = \frac{P}{V \times \cos\theta} = \frac{2.0 \times 10^3}{200 \times 0.8} = 12.5\ \text{A}$$

よって、正解は二です。

問題❷ 解答：二

図の回路は RL 直列回路です。電源電圧が 204 V、抵抗の両端の電圧が 180 V なので、力率 $\cos\theta$ を［%］で表すと、公式より、

$$\cos\theta = \frac{V_R}{V} \times 100 = \frac{180}{204} \times 100 = 88.24 \cdots \fallingdotseq 88\%$$

　　　　　　　　└┄┄┄┄┄ % で表すので 100 をかける

よって、正解は二です。

問題❸ 解答：ハ

図の回路は RL 直列回路です。電源電圧が 102 V、抵抗の両端の電圧が 90 V なので、力率 $\cos\theta$ を［%］で表すと、公式より、

$$\cos\theta = \frac{V_R}{V} \times 100 = \frac{90}{102} \times 100 = 88.24 \cdots \fallingdotseq 88\%$$

よって、正解はハです。

問題❹ 解答：イ

図の回路は RL 直列回路です。抵抗 $R[\Omega]$ と誘導性リアクタンス $X[\Omega]$ のインピーダンス $Z[\Omega]$ は、次の式で求めることができます（→ 141 ページ）。

$Z=\sqrt{R^2+X^2}\,[\Omega]$

力率 $\cos\theta$ を［%］で表すと、公式より、

$$\cos\theta=\frac{R}{Z}\times100=\frac{R}{\sqrt{R^2+X^2}}\times100=\frac{100R}{\sqrt{R^2+X^2}}\,[\%]$$

よって、正解はイです。

問題❺ 解答：ロ

図の回路は RL 並列回路です。全電流 I は 10 A、抵抗に流れる電流 I_R は 6 A なので、力率 $\cos\theta$ を［%］で表すと、公式より、

$$\cos\theta=\frac{I_R}{I}\times100=\frac{6}{10}\times100=60\,\%$$

よって、正解はロです。

問題❻ 解答：ロ

図の回路は RL 並列回路です。電源電圧は 100 V、抵抗 R に流れる電流は 4 A なので、消費電力 $P[\mathrm{W}]$ は、公式より、

$P=VI_R=100\times4=400\ \mathrm{W}$

よって、正解はロです。

問題❶ 　解答：ロ

　相電圧と線間電圧の関係から、抵抗 $10\,\Omega$ に流れる 1 相の相電流を計算します。線間電圧 $V_\ell = 210\,\mathrm{V}$ のときの相電圧 $V\,[\mathrm{V}]$ は、公式（→ 160 ページ）より、

$$V = \frac{V_\ell}{\sqrt{3}} = \frac{210}{\sqrt{3}}\;[\mathrm{V}]$$

Check! 次の計算があるので、有理化せずこのままに

抵抗が $10\,\Omega$ のときの電流 $I\,[\mathrm{A}]$ は、

分子を分数でなくすため、分母と分子に $\sqrt{3}$ をかける

$$I = \frac{V}{R} = \frac{\frac{210}{\sqrt{3}}}{10} = \frac{\frac{210}{\sqrt{3}} \times \sqrt{3}}{10 \times \sqrt{3}} = \frac{210}{10\sqrt{3}} = \frac{21}{\sqrt{3}} = \frac{21}{1.73} \fallingdotseq 12.1\,\mathrm{A}$$

$\sqrt{3} = 1.73$

よって、正解はロです。

問題❷ 　解答：ロ

　相電圧と線間電圧の関係から、抵抗 $10\,\Omega$ に流れる 1 相の相電流を計算します。線間電圧 $V_\ell = 200\,\mathrm{V}$ のときの相電圧 $V\,[\mathrm{V}]$ は、公式より、

$$V = \frac{V_\ell}{\sqrt{3}} = \frac{200}{\sqrt{3}}\;[\mathrm{V}]$$

抵抗が $10\,\Omega$ のときの電流 $I\,[\mathrm{A}]$ は、

$$I = \frac{V}{R} = \frac{\frac{200}{\sqrt{3}}}{10} = \frac{\frac{200}{\sqrt{3}} \times \sqrt{3}}{10 \times \sqrt{3}} = \frac{200}{10\sqrt{3}} = \frac{20}{\sqrt{3}} = \frac{20}{1.73} \fallingdotseq 11.6\,\mathrm{A}$$

よって、正解はロです。

問題❸ 　解答：ロ

　相電圧と線間電圧の関係から、抵抗 $20\,\Omega$ に流れる 1 相の相電流を計算し

ます。線間電圧 $V_\ell = 200\,\mathrm{V}$ のときの相電圧 $V[\mathrm{V}]$ は、公式より、

$$V = \frac{V_\ell}{\sqrt{3}} = \frac{200}{\sqrt{3}}\,[\mathrm{V}]$$

抵抗が $20\,\Omega$ のときの電流 $I[\mathrm{A}]$ は、

$$I = \frac{V}{R} = \frac{\dfrac{200}{\sqrt{3}}}{20} = \frac{\dfrac{200}{\sqrt{3}} \times \sqrt{3}}{20 \times \sqrt{3}} = \frac{200}{20\sqrt{3}} = \frac{10}{\sqrt{3}} = \frac{10}{1.73} \fallingdotseq 5.8\,\mathrm{A}$$

よって、正解はロです。

問題❹ 　解答：ハ

　抵抗 $6\,\Omega$ に流れる電流 $I[\mathrm{A}]$ は $20\,\mathrm{A}$ であるため、これに加わる 1 相の電圧（相電圧）$V[\mathrm{V}]$ は、

$$V = RI = 6 \times 20 = 120\,\mathrm{V}$$

　Y 結線において、相電圧 $V[\mathrm{V}]$ が $120\,\mathrm{V}$ のときの線間電圧 $E[\mathrm{V}]$ は、公式より、

$$E = \sqrt{3}\,V = \sqrt{3} \times 120 = 1.73 \times 120 \fallingdotseq 208\,\mathrm{V}$$

　よって、正解はハです。

問題❺ 　解答：ハ

　抵抗 $8\,\Omega$ に流れる電流 $I[\mathrm{A}]$ は $15\,\mathrm{A}$ であるため、これに加わる 1 相の電圧（相電圧）$V[\mathrm{V}]$ は、

$$V = RI = 8 \times 15 = 120\,\mathrm{V}$$

　Y 結線において、相電圧 $V[\mathrm{V}]$ が $120\,\mathrm{V}$ のときの線間電圧 $E[\mathrm{V}]$ は、公式より、

$$E = \sqrt{3}\,V = \sqrt{3} \times 120 = 1.73 \times 120 \fallingdotseq 208\,\mathrm{V}$$

　よって、正解はハです。

まず、抵抗 $R[\Omega]$ が $8\,\Omega$、誘導性リアクタンス $X_L[\Omega]$ が $6\,\Omega$ のときの合成インピーダンス $Z[\Omega]$ を計算します（→ 141 ページ）。

$$Z = \sqrt{R^2 + X_L^2} = \sqrt{8^2 + 6^2} = \sqrt{64 + 36} = \sqrt{100} = 10\,\Omega$$

次に、線間電圧 $V_\ell = 200\,\mathrm{V}$ のときの 1 相の電圧（相電圧）$V[\mathrm{V}]$ は、公式より、

$$V = \frac{V_\ell}{\sqrt{3}} = \frac{200}{\sqrt{3}}\,[\mathrm{V}]$$

インピーダンス $Z[\Omega]$ が $10\,\Omega$ のときの電流 $I[\mathrm{A}]$ は、オームの法則（→ 140 ページ）より、

$$I = \frac{V}{Z} = \frac{\frac{200}{\sqrt{3}}}{10} = \frac{\frac{200}{\sqrt{3}} \times \sqrt{3}}{10 \times \sqrt{3}} = \frac{200}{10\sqrt{3}} = \frac{20}{\sqrt{3}} = \frac{20}{1.73} \fallingdotseq 11.6\,\mathrm{A}$$

よって、正解はロです。

（断線前）

線間電圧 $V_\ell = 200\,\mathrm{V}$ のときの a–o 間の 1 相の電圧（相電圧）$V[\mathrm{V}]$ は、公式より、

$$V = \frac{V_\ell}{\sqrt{3}} = \frac{200}{\sqrt{3}} = \frac{200}{1.73} \fallingdotseq 116\,\mathrm{V}$$

（断線後）

×印で断線したときの a–b 間の電圧は $200\,\mathrm{V}$ になります。a–b 間では 2 個の同じ値の抵抗 $R[\Omega]$ が直列に接続されているため、a–o 間の電圧 $V[\mathrm{V}]$ は、

$$V = \frac{200}{2} = 100\,\mathrm{V}$$

Check! 2つの抵抗が直列に接続されているので2で割る

よって、断線前：116 V、断線後：100 V となり、正解はイです。

| 問題 **❽** | 解答：ハ |

×印で断線したときの a–c 間の電圧は $E[V]$ になります。a–c 間の抵抗 $R[\Omega]$ に流れる電流 $I[A]$ は、

$$I = \frac{E}{R} \ [A]$$

よって、正解はハです。

| 問題 **❾** | 解答：イ |

×印で断線したときの a–b–c 間の電圧は $E[V]$ になります。また、a–b–c 間は 2 つの抵抗 $R[\Omega]$ が直列に接続されているため、合成抵抗は $R + R = 2R[\Omega]$ となります（下図のように、電流 $I[A]$ が流れる回路は a–c 間（図の点線部分）ではなく、a–b–c 間）。

a–b–c 間に流れる電流 $I[A]$ は、

$$I = \frac{E}{2R} \ [A]$$

よって、正解はイです。

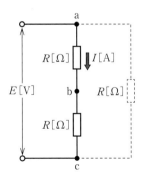

抵抗 $R[\Omega]$ が 8 Ω、誘導性リアクタンス $X_L[\Omega]$ が 6 Ω のときの合成インピーダンス $Z[\Omega]$ は、公式（→ 141 ページ）より、

$$Z=\sqrt{R^2+X_L{}^2}=\sqrt{8^2+6^2}=\sqrt{64+36}=\sqrt{100}=10\ \Omega$$

インピーダンス $Z=10\ \Omega$ に流れる相電流 $I[\mathrm{A}]$ は、オームの法則より、

$$I=\frac{V}{Z}=\frac{200}{10}=20\ \mathrm{A}$$

ここで、三相 3 線式回路の全消費電力 $P[\mathrm{kW}]$ を計算します。公式（→ 161 ページ）より、

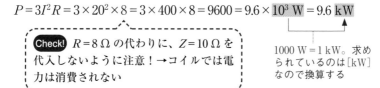

$$P=3I^2R=3\times20^2\times8=3\times400\times8=9600=9.6\times10^3\ \mathrm{W}=9.6\ \mathrm{kW}$$

Check! $R=8\ \Omega$ の代わりに、$Z=10\ \Omega$ を代入しないように注意！→コイルでは電力は消費されない

1000 W ＝ 1 kW。求められているのは[kW]なので換算する

よって、正解はハです。

抵抗 $R[\Omega]$ が 6 Ω、誘導性リアクタンス $X_L[\Omega]$ が 8 Ω のときの合成インピーダンス $Z[\Omega]$ は、公式より、

$$Z=\sqrt{R^2+X_L{}^2}=\sqrt{6^2+8^2}=\sqrt{36+64}=\sqrt{100}=10\ \Omega$$

インピーダンス $Z=10\ \Omega$ に流れる相電流 $I[\mathrm{A}]$ は、オームの法則より、

$$I=\frac{V}{Z}=\frac{200}{10}=20\ \mathrm{A}$$

ここで、三相 3 線式回路の全消費電力 $P[\mathrm{kW}]$ を計算します。公式より、

$$P=3I^2R=3\times20^2\times6=3\times400\times6=7200=7.2\times10^3\ \mathrm{W}=7.2\ \mathrm{kW}$$

Check! $R=6\ \Omega$ の代わりに、$Z=10\ \Omega$ を代入しないように注意！

よって、正解はハです。

おわりに

　第二種電気工事士試験の問題を解くのに、それほど難しい数学の知識は必要ありませんが、算数や数学の勉強からしばらく遠ざかっている人や苦手な人にとっては、勉強するのが億劫なのではないでしょうか。

　本書は、そのような人たちのために、試験に必要な算数や数学を短い時間で勉強できるようにコンパクトにまとめていますので、安心して取り組んでください。

　第二種電気工事士試験のほかにも、第一種電気工事士、電気主任技術者（第三種・第二種・第一種）のような国家試験があります。これらの試験は第二種電気工事士のそれよりも内容は難しくなりますが、難易度が上がれば上がるほど、基本をしっかりとマスターしていることが大切になります。本書は、算数や数学の基礎固めができるようなまとめ方をしていますので、次の試験にチャレンジするときにも役立ててください。

　また、電気工事関係の仕事をするときには、現場で算数や数学を使うことが少なからずあります。試験に合格した後にも本書に書いてある内容を実際に用いる機会があるので、そのときにも役立てていただければと思います。

　第二種電気工事士試験を受験される方が、本書をきっかけにして、電気の勉強や電気で使う算数・数学にも興味をもっていただけるとしたら、著者としてこれほどうれしいことはありません。

　みなさまのご検討をお祈りいたします。

2020 年 4 月　電気と数学の学習会

索　引

ナ　行

ハ　行

マ　行

■著者紹介

電気と数学の学習会（でんきとすうがくのがくしゅうかい）

　都立高校で電気・電子に関する授業を担当しながら、生徒を対象とした電気工事士、工事担任者、陸上特殊無線技士、情報処理技術者試験など、電気・電子に関する資格試験の講習を行っている。

　授業では、電気に使われている算数や数学が理解できない生徒がいることから、本学習会では、これを解決するために高校数学だけでなく小学校の算数から中学校の数学まで幅広く取り上げて指導、電気・電子に関する資格試験の傾向分析や対策も行っている。

　また、数学の教員とも協力しながら、工業高校における数学教育についても取り組んでいる。

だい に しゅ でん き こう じ し し けん
第二種電気工事士試験に
ごうかく　　　　　　　　　　でん き すうがく
合格するための電気数学

2020年 6 月10日 初版　第 1 刷発行

●装丁　田中　望

著　者　　電気と数学の学習会
発行者　　片岡　巌
発行所　　株式会社 技術評論社
　　　　　東京都新宿区市谷左内町21-13
　　　　　電話　03-3513-6150　販売促進部
　　　　　　　　03-3267-2270　書籍編集部
印刷／製本　日経印刷株式会社

定価はカバーに表示してあります。

■お願い

　本書に関するご質問については、本書に記載されている内容に関するもののみとさせていただきます。本書の内容と関係のないご質問につきましては、一切お答えできませんので、あらかじめご了承ください。また、電話でのご質問は受け付けておりませんので、FAX か書面にて下記までお送りください。

　なお、ご質問の際には、書名と該当ページ、返信先を明記してくださいますよう、お願いいたします。

　宛先：〒162-0846
　　　　東京都新宿区市谷左内町21-13
　　　　株式会社技術評論社　書籍編集部
　　　　「第二種電気工事士試験に
　　　　　　合格するための電気数学」質問係
　　　　FAX：03-3267-2271

　ご質問の際に記載いただいた個人情報は質問の返答以外の目的には使用いたしません。また、質問の返答後は速やかに削除させていただきます。